SHOEMAKER
跑鞋革命

**Reebok創辦人喬·福斯特
稱霸全球的品牌傳奇**

THE UNTOLD STORY OF
THE BRITISH FAMILY FIRM THAT
BECAME A GLOBAL BRAND

JOE FOSTER

喬·福斯特 著

蔡世偉 譯

這本回憶錄獻給我那太早被帶走的女兒凱

目 錄

|1|

有些人為了贏而跑

我要坦承一件事，其實，應該是兩件事。第一，我不喜歡跑步。第二，我的製鞋功力很差，我的意思是我的天份並不在此。好了，說出來了，感覺好多了。

身為 Reebok 創辦人的我寫了這本叫作《跑鞋革命》的書，卻說出上面那段話，應該會讓你有些困惑，但我也希望這能稍微引起你的興趣。你應該要有興趣的。我跟 Reebok 的故事並不是典型的商業傳奇，我沒有要描述我如何打拼，彎身鑽研一款歷經三十五年不衰的鞋子。這也不是一個沿著精心策畫路線前進的旅程，沒有要描述我如何冒著虧損數百萬的風險，終究逢凶化吉功成名就。這本書的重點在於勵志，以及如何在命運給你機會的時候一把抓住。

但不僅止於此，還有**很多很多**別的。跟每個成功的故事一樣，犧牲是不可避免的。在金銀光彩伴隨產業功名而來之前，有著灰頭土臉的泥濘代價。當你全心全意投入自身熱情之時，

只容一個心之所愛存在。

有人曾說過「一將功成萬骨枯」之類的話，但那不是我的作風，至少我不這麼認為。沒有人在成就本書所述霸業的過程之中受到傷害，當然，有可能只是我不知道而已。

我成長於一個極度平凡的世界。在那個世界裡，想要更上一層樓的心態並不會得到認同。那是一個著重「自知之明」，要你「別興風作浪」的年代，為了讓社會井然有序，還有許多類似的教條深植人心。那也是個老派價值觀存活的年代，人們對鄰居和長者都很友善，甚至對同儕亦然。

我的母親一直灌輸我禮儀是最重要的事，同等重要的還有對他人的尊重。但在我的心中，儘管與社會期待相悖，透過挑戰自己而成長與改善的重要性也不遜於上述兩者，這也是我（終究）在業界取得成功的基礎。

通往那份成功的道路並非筆直，也沒有明確的界線，大部分是奠基於見機行事的決定。我的許多決策都是見招拆招，而不是主動出擊。但我心裡永遠抱持著相同的目標：比昨天賣出更多雙鞋。

成效似乎不錯，雖然我花了三十一年才讓這個新興小企業成長為世界第一的體育品牌，倘若當初我做了一些不同的決定，這樣的成果也許會更早到來。但可以確定的是，少了這一趟蜿蜒漫長的旅程，我不會準備好迎接終點。

到頭來，當我駕著 Reebok 這艘船朝著成功航行，許多因

素必須各安其位。有些是我個人的作為，有些是其他人的行動。我想把某些部分說成商業方面的精明幹練，但大多時候並非如此，主要還是仰賴運氣、堅定（有些人會說是執著）的決心，以及把危機化為轉機的創意思維。

　　不能不提時機的重要性，任何萬丈高樓平地起的品牌靠的都是好時機。若要談論時機，還有什麼會比起跑槍響的時刻更適合開始呢？

※　　※　　※

　　有些人跑步，是為了贏過別人。我跑步，是為了贏過自己。

　　砰！

　　當我閉上雙眼，看見的並不是黑暗，而是一條向前延伸的清晰路徑，一條被雙腳一步一步吞噬的賽道。

　　我聽到父親喊著：「加油啊，喬，衝、衝、衝啊！」帶著尼古丁的鼓勵隨著筋肉的每一次延展漸行漸遠。我用力地踩踏地板向前衝刺，但不是為了父親。就算在那個年紀，我也明白父親的鼓勵跟七歲大的兒子帶給他的任何一絲驕傲無關，父親完全只是為了他賽前在我身上投注的賭金。

　　我並不特別在意獲勝，當然，**贏**比輸好多了。我這個組別的冠軍獎項幾乎無法構成誘因，畢竟沒有哪個七歲男童會為了餐具組或是難看的陶瓷動物多花一分力氣衝刺。

　　賽跑這個行為本身就是件苦差事，讓人又累又不舒服。跑贏別人代表把肺逼到爆炸邊緣，強迫心臟用力跳動將多餘的血液灌到腦袋，太陽穴搏動劇痛，直到你祈求腦袋爆開來以緩解這份痛楚。真的，賽跑是很痛苦的，尤其當你想要跑得比最快的人還快。肉體的挑戰毫無吸引力。那麼，我為什麼要跑呢？我有別的動機。

　　跑第一名就代表得到了父親的關注，那在福斯特家可是稀有商品。相反地，跑輸就代表被父親無視，但那也不是什麼新鮮事，在家裡算是基本待遇。我的老家是維多利亞式的排屋，位在赫里福德路上，往南就是燻黑博爾頓（Bolton）天空的市中心煙囪。

　　我絕對不是天生的運動員，事實上，比起茂盛的植物，我更像是雜草──害羞內向、高瘦笨拙。但我一直知道只要自己足夠渴望某個東西，我一個人就有達成目標的能力，反正別人也不可能拱手讓給我。

　　而身為三個兒子裡的老二，我渴望的就是父親的讚美，把他偶爾丟給我的驕傲碎屑全都吞食乾淨。我學會如何讓父親多施捨一點讚許，主要藉由贏得比賽幫他賺賭金，但這招也不是百試百靈。

　　每個月父親都會逼我參加體育賽事，我設計出從中得到樂趣的方法。我漸漸不再透過父親的讚美得到滿足，轉而從別的地方尋求。無論輸贏，知道自己盡一切所能將個人表現最佳

化，這份驕傲就是我新的滿足來源。

我永遠都不會躋身全世界最優秀的運動員之列，全英國也不可能，甚至連全蘭開夏郡（Lancashire）也沒辦法。要做到那種程度，基因優勢不可或缺，必須生來就有跑者的 DNA。而我沒有。但是回頭看，我生來就有「改良者」的 DNA。我能夠搞懂如何把事情做得更好更快，發揮個人最大限度的實力，時時找尋些微的改善、那些可以給自己任何微小優勢的東西，即便當時的我只有七歲。

所以，縱使我移動整個身體的速度快不過別人，但我可以專注於頭部的平衡、雙臂的甩動、奔跑的步態、呼吸，還有鞋底接觸地面的角度，這一切微調的總和足以讓我贏過競爭對手幾碼。我無從改變其他的生理面向，還能做出調整的地方只剩下這個領域的工具，而在這裡我又有另一項優勢。

我生於鞋匠之家。誠然，這本身算不上什麼優勢，但我們家不是普通的製鞋家族，而是專營手工縫製運動鞋的 J. W. Foster & Sons。面紅耳赤的對手們眼睜睜看著我領走那些閃亮湯匙、豬形盆栽或是乏味到爆的參考書等獎項，納悶為何這個皮包骨小子可以擊敗體育俱樂部裡最傑出的跑者。當他們的眼光落在我的鞋上，我已經準備好迎接無可避免的「作弊」指控了。

當其他男孩穿著一般的平底帆布鞋參賽，我穿的是專為特定比賽狀況打造的底部帶釘跑鞋。我也許是全國擁有訂製跑鞋

的「運動選手」之中年紀最輕的，但在你匆忙做出結論，認定我擁有特權背景、父母親負責所有可以取得的優勢之前，請容我解釋。

倘若不提跑鞋，我就跟一九四〇年代典型勞工階級家庭裡的每個男孩一樣，珍惜任何有幸獲得的小玩具。但一提到體育，我有一個無可否認的祖傳優勢——我祖父發明了跑步用的釘鞋。所以，我想在 Reebok 的故事真正開始之前，有必要為大家補充些許歷史背景。

如同許多英國西北部的城鎮，博爾頓也在十八世紀到十九世紀早期之間因為紡織業的發達而蓬勃，更在一七七九年成為創新與快速成長的標竿。那年，博爾頓的實業家山謬・克朗普頓（Samuel Crompton）發明了「走錠細紗機」，其紡紗速度與效率皆優於手持的器械，進而減低了工廠員工的數量，為工廠老闆帶來更高的利潤。

接近十九世紀末，跟我一樣名叫作喬・福斯特的祖父在無心插柳的狀況下成為一項發明的供應商。十五歲的他在生活中有兩大愛好：在他所屬的當地體育俱樂部 Bolton Primrose Harriers 跑步，以及在位於他父親糖果鋪樓上的臥室裡修理鞋子跟靴子。他比較擅長後者。至於跑步，他跑得跟我一樣，普普通通。

然而，祖父喬確實擁有善於發明的心智。他受夠了總是在比賽中敬陪末座，決定結合跑步與修鞋兩個技巧，看看能否快

一點衝過終點線。

　　祖父喬的修鞋技術很可能來自於拜訪他祖父山姆（Sam）開在諾丁漢的鞋鋪的經驗。據說山姆當時為許多當地運動員修鞋，而喬可能看過山姆為了提升抓地力而製造的帶釘板球靴。也許一顆種子就在那時埋下了，這種提升抓地力的方式也能被應用於其他體育項目。

　　於是，我的祖父就在狄恩路九十號的臥室裡著手為自己設計一雙跑步用的釘鞋。

　　一八九五年，為了測試這雙釘鞋的效果，他決定穿上這雙鞋在所屬的當地體育俱樂部參加一場中長跑賽事。那雙鞋在首場比賽的前一晚還沒完工，他只手工縫製了其中一腳的厚底，也就是鞋子外底前端釘子突出之處。就著燭火趕工到夜晚，光線跟耐性都不允許他把另一腳的厚底也縫上，沮喪煩躁的他索性用槌子跟釘子把厚底固定在鞋上。

　　他的對手們覺得有趣又好笑。這個沉默低調的跑者憑什麼自認與眾不同？他真的需要靠作弊獲勝嗎？而且比起標準的膠底帆布鞋，這雙左右腳不對稱的醜鞋到底能帶給他什麼優勢？有些人笑了，有些人不屑，但當喬在起跑線做好預備動作，他相信左右兩邊的對手很快就會因為被他甩在身後而心生敬畏。

　　起跑槍響，喬腳下的釘子咬入煤渣跑道，給了他一個完美的起步，幾乎感覺不到重量的鞋讓他步履輕盈。當進入第一個彎道的時候，他已經領先好幾碼。在過彎時向內側壓身體的重

心，一般膠底帆布鞋會因為些微側滑而慢上幾微秒，但喬的釘鞋能把跑者的發力全都用於推進。

因為幾乎沒有任何緩震，腳趾觸地的同時，喬能夠感受到自己的腳牢牢鎖在地面上，每一步推進都讓他比穿著膠底鞋的對手們快上幾分之一秒。每一步因為抓地力差異而產生的優勢非常微小，但加總起來就足以不斷拉開他與身後對手群之間的距離。

腳上承載的重量比較輕，直線推進的效率比較高，喬可以感受到實質的優勢。只有些許，但確實存在。而且跑完一半賽程後，他發現自己仍有餘力。他的肺部不像在之前的比賽那樣急迫不堪地想要吸進空氣，他的雙腿也不像往常那樣有如帶著鉛塊般沉重。也許只是心理作用，跑進最後一圈時他這樣想著，也許只是安慰劑效應。

才剛有時間斷定這個成果應該是各種因素的結合，他的右腳就傳來一陣奇怪的感覺。地面似乎不平坦，感覺像是跑在石子路上。接著他覺得自己踏著碎玻璃，每一步都迎來針刺般的疼痛，並且從腳後跟向上延伸至腿部，告訴大腦必須減低踩踏的力道。終於，他感受到某個東西脫落。一塊隱形的石頭讓他踉蹌，裸露的腳趾擦過了粗糙的煤渣地。

試著恢復步伐的他回頭看見第二名跟第三名的跑者逼近。然而更令他憂心的是，右邊鞋子的帶釘厚底在他跟追逐者之間像隻死老鼠般躺在跑道上。已經失去平衡的他，每跑一步都帶

來燒灼般的痛楚。他放慢速度變成跛行，垂頭喪氣地放任一群跑者超越，每個人經過時都順手拍了他的後腦勺。

喬的成績是倒數第二。他抓著跑鞋剩下的部分蹣跚回家，把鞋子丟進樓梯下的櫃子，重重把門甩上。當下感受到的羞辱澆熄了任何一絲想要在賽道上追求進步的欲望，但喬沒有那麼容易被擊垮。

這份慘痛的經驗只是提醒了他：凡事沒有捷徑。他的下一雙鞋不會再次讓自己失望。接下來幾個月，他繼續在設計上下功夫，讓鞋變得更輕更軟，直到他認可的完成品誕生──一雙完美的輕量跑鞋。這次他先穿上它們自己一個人試跑，以免重蹈覆轍。

當他穿著這雙鞋上場比賽之後，並沒有跑第一，但得到了第二名，這種成績對原本的他來說根本難以企及。當下俱樂部的夥伴們笑不出來了，他們全都想要這款奇蹟跑鞋，而祖父喬也只能恭敬不如從命。

過了幾個月，喬終於交出預訂的最後一雙鞋，敵對的體育俱樂部很快就察覺喬所屬的 Bolton Primrose Harriers 成為一支勁旅。不用多少時間他們就找到了原因，不消說，喬‧福斯特又收到了更多跑鞋訂單。

接下來的每一場賽事，總有跑者們包圍著喬，要求他幫忙客製跑鞋。隨著聲名日益遠播，喬花在賽道上奔跑的時間開始少於待在臥室手工製鞋的時間，只為了滿足家門外愈排愈長的

人龍。

　　一九○○年，雅典舉辦首屆當代奧運之後的第四年，跑鞋的訂單量迫使祖父喬擴張。他創立了 J. W. Foster & Sons 運動鞋公司，搬到後來掛名為 Olympic Works 的廠址，位於博爾頓狄恩路五十七號，與 Horse and Vulcan 酒吧比鄰。

　　最新的訂單都是一次性的設計：根據某個特定選手的跑步方式打造，或者配合某種特定賽道訂製，甚至為了某場特定比賽最佳化。轉眼之間，J. W. Foster & Sons 已經成為手工專業跑鞋的代名詞。無論你人在英國何處，倘若想要躋身高手之列，找喬就對了。

　　這個博爾頓小鞋匠做夢都不敢想的是，就在四年後的一九○四年，他的跑鞋成了打破三項世界紀錄的利器。

| 2 |

最初的世界紀錄

　　一九〇四年的一個灰濛濛十一月天，大雨淋在擠在埃布羅克斯球場（Ibrox Park Stadium）看台上的群眾身上。巨大陰鬱的烏雲吞噬了體育賽事的一切色彩與刺激，大批親友團立起衣領繼續觀看，邊暗自咒罵蘇格蘭的鬼天氣。

　　當一位矮壯結實的選手站上跑道，竊竊私語的音量變得更大，暴雨被眾人拋諸腦後。所有人的目光都集中在這個男人身上：業餘中長距離跑者阿爾弗雷德・雪普布（Alfred Shrubb）。

　　阿爾弗雷德在起跑線前就位，順了順臉上那把漂亮的八字鬍，瞥了觀眾一眼。將他放在比較高大、看起來更像運動員的跑者之中，他看起來並不像什麼舉世無雙的人物。就算身負壓力，他也沒有顯露分毫，但他知道大家在期待什麼樣的表現。

　　關於超人速度的故事把他的聲望推至近乎傳奇。他的跑步事蹟在每一場賽事反覆傳誦：阿爾弗雷德必須跟馬賽跑或者一個人單挑整支接力隊，因為地表上沒有任何人類可以跟上他的

神速。

　　阿爾弗雷德沒讓人失望。他從來不會。一如所有其他比賽，他瞬間脫穎而出，被遠遠拋在後頭的對手們苦苦追趕著。那一天他打破了六英里以及十英里的紀錄，接著又創下一個世界紀錄：用一小時的時間跑完十一英里又一千一百三十七碼。腳上的福斯特跑鞋伴他完成了這些壯舉。

　　祖父會定期在體育賽事上贈鞋，不只送給跑者，也送給記者。接著，記者會撰寫關於祖父公司的文章，而跑者會馬上注意到穿著這份「禮物」帶來的優勢，讓口碑愈傳愈遠。祖父早在當年就了解到意見領袖的影響力，如同當今的各大品牌。

　　全國的跑步圈都為阿爾弗雷德瘋狂，對手想要知道關於他的一切：他的訓練方式、他的呼吸技巧……他腳上穿的鞋。當大多數的跑者仍穿著沉重的跑靴參賽時，阿爾弗雷德穿的是帶釘的黑色手工帆布鞋。這會不會就是他成功的祕密？

　　似乎很多人都這麼想。J. W. Foster 的生意大幅增長，愈來愈多跑步協會下訂單，全都想要阿爾弗雷德讓世人注意到的那雙鞋。但是對於祖父喬來說，阿爾弗雷德不過是他推動品牌發展的其中一個催化劑。

　　祖父在製鞋界的創新地位不可否認，而他在行銷策略方面也遠遠領先時代。在我的眼裡，兩者的結合讓他成了一個天才。

　　天才不會只仰賴創意、發明以及製造。認可也必不可少，

沒有被世人認可就不會被視為天才。祖父創造了釘鞋這項嶄新的產品，而他也運用許多方法來讓大家知道這件事。

狄恩路的店門簡直就是二十世紀初期版本的皮卡迪利圓環廣告看板，正面的每一寸都被用來廣告福斯特的產品與服務。櫥窗裡展示數十種體育獎盃與運動鞋款，紅磚招牌上則是手繪廣告，從要價二先令六便士的男女鞋修理到跑鞋批發以及足球鞋製造。

他的行銷手段不僅止於此，祖父的策略涵蓋了長遠的思考。當時兩個當地的體育俱樂部 Bolton Primrose Harriers 跟 Bolton Harriers 都苦惱於會員人數不足，他建議兩者合而為一組成 Bolton United Harriers。俱樂部的會長認為這是一個能強化他們對於北部跑步賽事掌控的機會，但對喬來說，如果兩個俱樂部的跑者都穿著福斯特跑鞋大展身手，就能創造出一個更大的平台來宣傳福斯特跑鞋近乎無敵的性能。

到了一九〇八年，喬才總算從兩個俱樂部的殘餘之中催生了 Bolton United Harriers，並讓會員數成長到七十人。新的俱樂部派人參加當地與外地的賽事，捷報頻傳，在某次賽事甚至包辦了所有獎盃。許多人大感震驚，消息開始四處流傳。

到了一九一二年，俱樂部變得相對優渥，以八百英鎊的高價建了一棟會所。在優良財務狀況的激勵之下，他們在老馬秀運動場（Old Horse Show field）舉辦了一場充滿野心的大賽。

俱樂部投入大筆資金宣傳這項賽事，吸引了跑者與觀眾的

莫大興趣，尤其是因為俱樂部還邀請了奧運金牌得主威利‧阿普爾加斯（Willie Applegarth）參賽。結果這項賽事泡湯，真的「泡湯」了。蘭開夏的潮濕氣候來攪局，製造出只適合待在室內看窗上雨滴滑落的一天。

承受巨大財務損失的俱樂部決定再辦一場盛會來為金庫補血。再一次，他們邀請威利以及一大票美國運動員；再一次，蘭開夏的陰沉天氣讓雲朵盡情排水，毀了這場活動。其後，靠著幾場比較不張揚的賽事配上比較願意合作的天候，俱樂部的財務才得以重回正軌。

祖父喬並沒有因為心愛的俱樂部遭逢問題而灰心喪志，他繼續把生意推向全國。他在報紙的體育版刊出大膽的廣告，並持續造訪國內各大賽事，把鞋子分送給全國的頂尖跑者。他也開始付費給菁英選手，請他們穿著福斯特跑鞋比賽，大概三十年之後，阿迪‧達斯勒（Adi Dassler）才做出相似之舉，在一九三六年的柏林奧運免費提供傑西‧歐文斯（Jesse Owens）跑鞋。祖父的做法很可能是體育服飾業界最早的贊助型態，而且也確實收到了成效。

愈來愈多英國的頂尖選手拒穿福斯特之外的跑鞋，因為他們想要得到相同的優勢。狂熱的火種一旦被點燃，延燒的勢頭就難以抵擋。

一九〇八年的倫敦奧運，亞瑟‧羅素（Arthur Russell）穿著福斯特跑鞋衝過終點線，在三千兩百英里的障礙賽奪金。

　　我的父親在一九○六年誕生，正逢品牌最初的「黃金」歲月。配合家族傳統，父親的名字跟祖父一樣縮寫都是 J. W.，但他名叫詹姆斯（James），後來大家習慣叫他吉姆（Jim）。

　　家族事業蓬勃發展，沒過多久，福斯特家的每雙手都被徵召，於是年僅八歲的父親跟十三歲的哥哥比爾（Bill）一起加入了剛剛更名為 J. W. Foster & Sons 的工廠，成了正式員工。

　　生意飛速擴展，於是祖父買下狄恩路上隔壁的 Horse and Vulcan 酒吧，把它改建為額外的工作空間。然而縱使生產線滿載、家族生意興旺，祖父喬跟英國的所有人一樣都憂心於海外的事件發展，因為在一九一四年六月二十八日那天，弗朗茨·斐迪南大公與其妻在賽拉耶佛遭到暗殺。

　　事實證明，數百英里外的這起事件所衍生的結果為英國到德國乃至其他地區的所有人帶來極巨大的影響，由此而生的第一次世界大戰對人類以及經濟帶來了悲慘與毀滅。

　　雖然博爾頓不是敵軍的目標，但在一九一六年，一架據稱瞄準米德蘭郡（Midlands）某處的德國齊柏林飛船在 Olympic Works 後方的科克街投下炸彈，奪走了十三條人命。工廠沒有受到多大損毀，但擦身而過的轟炸在員工心裡埋下恐懼，讓他們了解戰爭之中沒有任何人事物安全無虞，無論身處何處。

　　嶄露頭角的運動員追求跑道上速度的任何渴望都淹沒於求生的焦慮之海，結果就是跑鞋的需求全面中斷。對於祖父與他的家族來說，作為菁英運動鞋供應商的光輝歲月嘎然而止。跟

許多北部的鞋廠一樣，J. W. Foster & Sons 開始接受修繕前線取回的軍靴的委託。

往後幾年，祖父跟他的兩個兒子都蹲在大錫缸旁刷洗軍靴上的泥與血，清水變成暗紅色，而靴子原本的主人是戰死在法蘭德斯壕溝裡的年輕將士。

大戰結束後，福斯特一家必須從零開始。隨著軍隊返國，祖父與家人重拾手工製作運動鞋的舊業。從前為了增加收入而從業餘轉職業的跑者被允許恢復業餘身分，其中有些跑者選擇拓展技能，跨足跑步以外的其他運動項目。祖父也立即拓展福斯特的製鞋範圍，涵蓋了更多項目的專業鞋款，包括鞋跟帶釘的跨欄鞋以及配有腳踝綁帶和超短釘的越野鞋。

祖父無意間發現這款新的越野鞋非常適合足球與橄欖球訓練，於是著手透過報紙廣告以及個人人脈把鞋子行銷給全國各地的頂尖俱樂部。幾個月之內，索爾福德（Salford）、赫爾（Hull）以及聖海倫斯（Saint Helens）等橄欖球聯盟的球隊都穿上了福斯特的訓練鞋，同樣穿上這款鞋的還有兵工廠（Arsenal）、利物浦（Liverpool）、曼聯（Manchester United）以及英國前四級的諸多足球俱樂部。

其中包括博爾頓漫遊者（Bolton Wanderers）這支一九二〇年代最知名的足球隊之一。他們在一九二三年首度闖進英格蘭足總盃（Wembley FA Cup）決賽，讓體育界的焦點都聚集在這個地區。

　　當時估計有二十萬名球迷湧入只能容納十二萬六千人的全新體育館，於是一個騎著白馬的警察出來控管氾濫的人潮，這成了足總盃歷史上的經典畫面。

　　漫遊者勝出，以二比○擊敗西漢姆（West Ham）。接著他們在一九二六年擊敗曼城（Manchester City）再次捧起冠軍盃，之後於一九二九年以二比○擊敗普茨茅斯（Portsmouth）又奪一冠，讓這支當地球隊成為那十年間的熱門話題。

　　J. W. Foster & Sons 就如同博爾頓漫遊者正值顛峰，此時的祖父似乎做什麼都對，總是能夠點石成金。

　　一九二○年的安特衛普奧運，艾伯特・希爾（Albert Hill）在八百公尺與一千五百公尺的賽事摘金；到了一九二四年的巴黎奧運，哈洛德・亞伯拉罕斯（Harold Abrahams）以及艾瑞克・利德爾（Eric Liddell）雙雙拿下金牌，更進一步推廣了福斯特品牌。後面這兩位跑者後來因為電影《火戰車》（*Chariots of Fire*）跟羅德・伯利（Lord Burghley）一起流芳後世，這名選手在一九二八年的阿姆斯特丹奧運勇奪四百公尺障礙賽的金牌。當然，他腳上穿的手工跑鞋也出自祖父在狄恩路的工廠。

　　想當然耳，依照祖父的行事作風必然盡其所能地善用這些勝利為公司帶來的巨大曝光，尤其是在當地的媒體上。他的長子比爾本身也是傑出的運動員，在當地的跑步圈享有盛譽，不只因為他是俱樂部的常勝軍，也因為他為《博爾頓晚報》（*Bolton Evening News*）撰寫體育專欄。

　　祖父確保了比爾永遠不會錯過任何在專欄裡宣傳家族事業的機會。比爾在一篇文章中寫道：「The Harriers 俱樂部之所以被看好，是因為有喬‧福斯特負責處理成員的跑鞋。他不只能夠推薦最適合艾爾城堡（Castle Irwell）與克魯賽道（Crewe courses）的配備，甚至還能提供。我建議大家現在就去買需要的鞋子，不要把必要的準備工作留到最後一刻。」我不知道報社為何容許如此明目張膽的家族事業宣傳，但事實就是這樣，比爾的專欄延續了好幾年。

　　女性跑者們同時開始在國際賽場上闖出名堂，她們也穿著福斯特品牌的跑鞋。一九三二年，Bolton United Harriers 的成員埃塞兒‧強森（Ethel Johnson）在英格蘭女子業餘田徑協會舉辦的決賽中打破一百碼的世界紀錄，而令人敬畏的內利‧霍爾斯蒂德（Nellie Halstead）也腳踏福斯特鞋粉碎多項世界紀錄，她後來被認為是英國史上最偉大的女子運動員之一。

　　祖父是業界最早認可並贊助女子運動的人之一。跟許多其他事情一樣，他遠遠領先自己所處的時代。當時的他當然不會知道，女性體育服飾市場在五十年之後將會促成這個製鞋家族史無前例的成功。但是，在一九三三年推動福斯特品牌演進的主要力量其實是來自一名與家族關係緊密的女性。因為祖父突然死於心臟病發，縱然不是出於自願，瑪麗亞祖母接管了家族事業的營運。

　　只有約一百五十三公分的瑪麗亞祖母用火爆的性情補足她

身形上缺乏威信的部分。她受不了笨手笨腳的人，工廠不只必須按部就班運作，還要保持一塵不染。約莫在祖父逝世的四年前，她的潔癖就曾展現在一個不太尋常的地方。祖父喬的父親去世時享年八十五歲，在他的葬禮前幾天，他的遺體被放在一個打開的棺材，擺放於 Olympics Works 裡數日。每天早晨，瑪麗亞祖母都會把他扛起來掛在身上，接著一絲不苟地刷去工廠工作時飄落在遺體上的皮革碎屑。

在沒有忙著清理遺體或在工廠裡咆哮下令的時候，瑪麗亞祖母就是在監督孫子的出生，先是我哥哥傑夫（Jeff），相隔兩年之後換我。祖父過世的十八個月後，我在一九三五年的五月十八日出生，跟祖父的生日是同一天。祖母相信這是她已故丈夫留下的訊息，於是堅持（其實比較像是命令）我的母親貝希（Bessie）把我取名為喬瑟夫·威廉（Joseph William），簡稱一樣是喬。家裡沒人敢有異議。

難得沒有在為小孩命名或是為工廠揮汗的少數幾個小時裡，身為公司老闆的瑪麗亞的放鬆方式就是跟朋友一起坐在 Wheatsheaf 酒吧裡，身旁擺著一整箱健力士啤酒。當壓力愈來愈大，她喝下肚的酒也愈來愈多。她常常在自家門前睡著，因為醉到無法穿過大門。

而在宿醉之外的時間，她在工廠裡最具挑戰性的工作之一就是要壓制兩個兒子，也就是老大比爾與我父親吉姆日益嚴重的不合。

父親認為工廠需要做出改變，他希望減低成本以提供一系列平價的運動鞋與運動靴。他的論點是：「不是每個人都買得起福斯特的手工鞋。」然而，比爾認為手工鞋是家族遺產，是福斯特名聲立足的基石，把這份堅持拋棄就是大逆不道。兩個人都言之有理，所以紛爭難以解決，而瑪麗亞祖母也不可能一直擔任和事佬。

終於，瑪麗亞祖母再也無法繼續忍受家裡這種緊張的狀態。雙方對於公司的方向都固執己見，於是生意開始變差。她努力維持的和諧與效率完全崩解，Olympic Works 的氣氛直線下跌，利潤也是。

於是瑪麗亞祖母決定退出並且交出福斯特公司的掌控權，她只有一個但書，就是父親與比爾必須組成一間有限公司，各自持有一半的股份。

結果就是出現了兩間迥然相異的公司，只是在名字上有所連結。父親在狄恩路五十九號架設機具生產機械縫製的 Flyer 跑鞋，而伯父在隔壁的五十七號繼續手工縫製他的「遺產」鞋款。兩人話不投機，只有偶爾經過對方門前會互嗆幾句。

卸下老闆身分的瑪麗亞祖母依然在工廠裡忙進忙出，一邊灑掃拖地，一邊盯著兩個兒子，以便在衝突開始時跳出來介入。她的存在成了一種黏著劑，讓兩塊分離的部分暫時連接在一起。至少，又繼續撐了幾年。

| 3 |

關於生存的課程

　　當瑪麗亞祖母致力於維持 Olympic Works 裡的和平，英國於一九三九年再次參戰。諷刺的是，那正值 J. W. Foster & Sons 因為更多奧運賽場上的成就而蒸蒸日上的時期。

　　原本是 Bolton United Harriers 成員的西里爾・霍姆斯（C. W. Holmes）參加了一九三六年的柏林奧運，那場盛會因傑西・歐文斯在賽道上的絕佳表現而增色，卻也因希特勒的存在而蒙上陰影。霍姆斯穿著比爾伯父特製的鞋，十分貼合腳掌，每雙只能穿一次。同樣穿著福斯特鞋款的紐西蘭跑者傑克・洛夫洛克（Jack Lovelock）創下一千五百公尺的世界紀錄，在飾滿納粹符號與標誌的德國首都摘下奧運金牌。

　　這些戰績為父親與伯父帶來更多生意，暫時消解了工廠內的緊張氣氛。但是和平未能長久，大戰的烏雲逐漸罩頂，柏林奧運才過三年，天下就大亂了。

　　福斯特工廠再次被徵用為軍靴修理廠，父親做出了機智決

策，跨足生產涼鞋。當時皮革短缺，但涼鞋需要的材料很少，沒有完整的鞋身，只要綁帶即可。這不只成為現金收入的關鍵來源，也為我們賺進配給券，當時配給券已經成為生活所需的貨幣。我們的公司與家族之所以能夠挺過那段無比艱難且悲慘的歲月，涼鞋生產扮演至關重要的角色。

弔詭的是，戰爭對我來說反而帶來了和諧。

在喬里新路的排屋樓上一片漆黑的臥房裡，我的背部因為貼著母親柔軟的身軀而暖和，我的眼光穿過玻璃窗上凝結的水珠，望向遠方的火焰，同一時間，空襲警報在外頭呼嘯。儘管受到悶燒的地平線吸引，我的眼睛還是看見窗上朦朧的倒影：全家人窩在一起，構成一幅滿是舒適、安全與歸屬的溫馨畫作。在這幅畫裡，母親把我跟傑夫緊緊拉在一起，她的手臂如安全帶般環住我們的胸膛。坐在她身邊的父親接納這一段父愛時刻，輕聲細語解釋納粹德國空軍為什麼會持續轟炸曼徹斯特的運河、碼頭以及工業區，為什麼身在博爾頓的我們沒有太大的危險。那是最接近父親為我講述床頭故事的時刻，也是我難得感受到被家庭的溫暖擁抱的時刻。

跟所有赫爾福德路上或是博爾頓其他區域的民宅一樣，我們後院的某些部分被徵用為空襲避難的空間。對傑夫跟我而言，那是溫馨舒適的巢穴。幾乎每晚都有空襲警報，全家人窩在一起，在父親與母親膝上睡著的我們會被警報解除的信號吵醒，然後眼睛半睜的傑夫與我會被抱上樓放在我們的床上。

　　幸福家庭的境況在某個夏天晚上天被打亂。那天我跟傑夫因為在鵝卵石路上踢球比平常晚回家，卻在家門口被攔下來直接帶進一個鄰居家裡。我不知道我們做了什麼，以為會遭到一頓責罵，結果我們卻備受呵護寵愛，不斷被餵食糖果與餅乾，直到吃不下為止。接著，我們開開心心地在那戶人家住了一個月。父親偶爾會出現，支付鄰居照顧小孩的費用。

　　我沒有詢問原因，大人也沒有解釋。傑夫跟我就把這當作延長版的過夜玩耍，可以盡情在街上踢球，敲了別人房門然後逃走，不用受到家裡的管束與規範所限。然而，真相其實頗為嚴峻：母親感染了腦脊膜炎，徘迴於生死邊緣。幸好她活下來了，而我們突然開始的「鄰家假期」也隨之結束。

　　母親出院返家後，延續了戰爭期間的家庭和樂，尤其當一顆炸彈將 Olympic Works 近旁的龐奇街夷為平地，粉碎了狄恩路上的福斯特店門。父親開了六英里的車，把我們從家裡載到工廠去勘察損壞情形。工人替碎掉的窗戶釘上木板，我們的每一步都踩在碎玻璃上。瑪麗亞祖母住在工廠後面，確定她安然無事之後，父親把一塊在工作間找到的炸彈碎片遞給我們。傑夫跟我帶著敬畏之情看呆了。這塊外國的東西從有槍的飛機落下，那架飛機現在可能停在德國某個機場，隨時準備飛來英國投下更多顆炸彈，除非它已經被某個英勇的噴火戰鬥機飛行員擊落。我的腦海裡閃過了無數個驚險刺激的情節。

　　傑夫跟我把這塊寶物放在臥房裡一個特殊的位置。每晚躺

在床上時，我們都會盯著它瞧，用冒險的夢武裝自己的心靈。我試著想像在我們家鄉上方丟下這顆炸彈的德軍飛行員臉孔，不知道他的眼光是否穿越機腹下飛馳而過的雲朵，辨認出父親的廠房，然後刻意瞄準那裡。我不知道其中有沒有私人恩怨，他會不會剛好認識父親、母親、祖母、傑夫或是我？他會不會是特別被派來幹掉**我們**的？為什麼要這樣？我們到底做了什麼？**我**到底做了什麼？會不會是狄恩路上的間諜跟那個飛行員提起我們家？好多問題在我腦袋裡打轉。

　　唯一真正接近危險的一次，是一名當地英國皇家空軍的飛行員為了向妻子炫耀，刻意低空飛過他家的房子。我當時正跟我最好的朋友傑克（Jack）在玩軍人遊戲，我們躲在糖果鋪旁的角落，把木棒當作狙擊槍瞄準鄰居與路人。一位當地的牧師吹著口哨走下人行道，朝著我的方向過來。我用手上的木棒狙擊槍對準他的頭，然後用手指扣著想像中的扳機，無視頭頂愈來愈大聲的轟鳴。牧師就要踏入我的射程範圍，頭頂的轟鳴聲化為呼嘯。我手指用力，扣下扳機。牧師猛一抬頭，臉上是純然的恐懼。那一瞬間，我以為自己憑著意志與想像把這根細長的樺木變成真槍，確實開槍擊中牧師。我以為自己擁有那樣的力量。

　　我身後的傑克大喊：「趴下！」牧師飛撲在地，巨大的黑影吞噬路面，緊接而至的是戰斧戰鬥機灰色的底部，它跟地面太接近了，我覺得自己的頭髮被機身擦過。牧師保持低伏的姿

勢，雙手護住頭部。我們看著那架飛機掠過附近的屋頂，撞進兩條街之外的房屋。那是一場悲劇，兩棟房子毀掉，三個嚇壞的當地人受傷，飛機駕駛身亡。

至於我，與其說是受到驚嚇，不如說是感到敬畏。生命瞬間消逝的現實在我的世界裡愈來愈尋常地發生，而且不只在大戰期間。

戰後，足球成了人們發洩壓力的出口，但博爾頓的足球世界卻在一九四六年三月遭逢悲劇。如博爾頓漫遊者主場的般頓公園球場（Burnden Park Stadium）發生群眾踩踏事故，造成三十三個球迷死亡和數百人受傷，那在當時是全英國最大的體育館相關災難。我的父母都到場觀看足總盃，幸運的是，兩人驚恐但順利地逃脫了。

一顆種子在我的潛意識埋下：死亡的幽魂如影隨形，若想成就什麼，虛度光陰毫無意義，最好立刻著手進行。

話雖如此，我的童年其實跟博爾頓紅磚郊區的其他人並無二致。那個年代的所有人家門都不用關上，任何一段柏油路面都可以變成足球場。我們有隨時隨地遊戲的自由，要玩什麼都可以……至少在天黑時大人大吼我們的名字之前。那個年代的童趣創意尚未被父母的警告扼殺，當時的父母不像現在被社會的險惡給嚇呆了。我們的想像力沒有界線，任何事情在我們的腦袋裡都充滿可能。

童軍也是一樣。現在的童軍往往是集體服從的另一個堡

壘，但當時的我們被允許自由發展，去探索被視為傳統之外的領域，無論是肉體上或是地理上。

在我跟傑夫的成長過程中，童軍生活是樂趣與袍澤之情的絕妙來源。我們在一九四八年迎來弟弟約翰（John），但是比我小十三歲的他當時仍是嬰孩，不在我跟傑夫的玩耍、社交以及活動圈內。

我記得十二月底嚴寒的某一週，我們跟著聖瑪格麗特教堂童軍團投宿湖區（Lake District）。我們要出一個整天的任務，從安布賽德（Ambleside）經過朗代爾斯（Langdales）前往佩特戴爾（Patterdale），附近共有五座高峰圍著一個 U 形峽谷。

若是在和煦的春夏，這趟十英里的路程只算稍微費力；但在冬天的早晨，當強風把雪花打進厚達四寸的積雪之中，這趟路的挑戰性就是怪物等級。

吃了比較晚的早餐之後，年紀尚輕的童軍領隊史基波（Skip）帶領我跟另外四個睡眼惺忪的小小探險家離開安布賽德青年旅舍的舒適懷抱，走出前門，踏入很有機會形成暴風雪的天候環境。

日光找不到孔隙穿透石板一般的天空，石造建築上的一道聚光燈打在鋪了一層霜雪的花園。

偉大的領隊躲在青年旅舍的門廊研究地圖，我們這群臉頰通紅的小童軍擠在草坪上看著飄落的雪花在狂風中隨機起舞。身體上，我們對抗著嚴酷野外環境的防禦，只穿著淺褐色的童

軍毛衣、燈芯絨短褲以及拉到膝蓋上的長襪。心理上，我們早在起步之前就已經處在臣服邊緣。

突然間，史基波如一名騎兵般昂首行過，手臂朝著某個方向伸展，猶如舉起一把劍，在咆哮的狂風中大喊：「往這走！」我們乖乖聽話跟著他走，在足脛高度的積雪上踏出彎彎曲曲的痕跡。不消幾分鐘，我們的腿已經凍到麻痺，卻沒有餘力理會。

上山的路徑完全被落雪遮蔽，但這阻止不了史基波，他繼續邁步前行，手上抓著的地圖在風中翻飛。隊伍在緩慢攀登雪坡的時候還算整齊，然而狂風吹起的碎冰不斷攻擊我們裸露的大腿，使我們的步伐變得更慢，隊員之間的間隔距離也逐漸被拉大。

我們聽到前方傳來一聲呼喊。史基波踩進被雪隱藏的凹處，雪深及肩。我們趕緊把他拉出來，然後他教我們如何使用高度到我們下巴的童軍杖，那可是所有無懼童軍先鋒的必備之物。但我心想，到這個時候才教我們似乎有點晚了。我們繼續前進，同時以杖探測地面的雪深，以免重蹈覆轍被嚴冬的巨口吞噬。

雖然比預期的時間慢了很多，但我們總算登頂，然而從另一側下山的路途更是危機四伏。當我們在冰層上緩緩移動，先前還願意露臉的些許日光在下午兩點已經開始消失。史基波叫我們加快腳步，警告我們必須在夜晚來臨之前離開這個環境。

　　我全神貫注於向下的每一步，以不同角度踩踏直到找到最安全的立足點。二十分鐘之後，我的大腿與小腿肌肉因為這些困難動作有如火燒。我停下腳步往後看，想知道團隊裡年紀最小的布萊恩（Brian）是否安好。在昏暗的光線之下，我能勉強看出雪白曲線上的灌木輪廓以及雪地裡突出的峭壁邊緣，但是沒有布萊恩的身影。

　　我向前方大喊，然後我們沿著先前的足跡走回山丘上。幾分鐘之後，下方傳來一個微弱的聲音。布萊恩剛剛踩到了結凍的河流，失足滑落到下方某堆岩石上。他身上有瘀傷與割傷，所幸沒有骨折。

　　我們沒有直接回去旅社，而是攙扶布萊恩朝著燈光走去，抵達山麓一間農舍。進到屋內，我拿著一杯熱巧克力，一邊啜飲一邊盯著柴火。在我身後，農夫的妻子責罵史基波在如此凶險的環境裡讓孩子們冒生命危險。他沉默地站著，在自己的童軍團成員面前被訓斥。我覺得他滿可憐的，因為史基波自己的年紀也很小。但我也知道那個農婦說得有理，如果當時我沒有回頭看，不知情的大家就會繼續往前跋涉，布萊恩的困境勢必更加嚴重。

　　農婦嚴厲的話語仍縈繞在耳邊，我們踏進嚴寒之中走完最後兩英里抵達旅社。因為比原本預定的時間晚了整整四小時，登山救難隊早已蓄勢待發。史基波又被旅社經理痛罵了一頓，登山救難隊的成員也跳出來「提供一點建議」。

在此之前，我對領隊有著絕對的信任，毫不懷疑地相信他的年齡與「經驗」。史基波沒有為自己找藉口。我同情他，但也開始質疑自己對他人能力的盲目信賴。史基波在這樣的天候之下決定繼續前進，把我們帶進危險的境地，縱使待在室內應該才是合理的決策。而在童軍團、軍隊或是任何集體行動的組織之中，我們都被期待要無條件服從，就算會造成生命危險。

當時的我並不知道那是一個轉變的時刻，心裡有某種東西不一樣了。我的命運、我的生命都是我的，我掌控我自己的人生。要做出對自己來說正確的決定，唯一能信任的人就只有自己。

在往後的年歲裡，我的腺體開始分泌濃烈的雄性激素，我的身體也就朝著成年的方向而去，掌控決定的成了荷爾蒙而非邏輯，我的時間都花在追求女性的原始衝動以及對體育的愛好上。不，我說的可不是跑步，畢竟把雙腿逼至極限到不由自主嘔吐程度的事情實在沒什麼吸引力。

除非在基因上有速度的天賦，不然總有一天你會遭遇瓶頸，而且無計可施。沒錯，穿著世界上最棒的跑鞋會有優勢，還能幫你爭取時間，碼表上真正的時間。但在一個公平競爭的環境裡，當這樣的優勢被抵銷，跑步這項運動終究是由 DNA 主宰，所以如果沒有正確的基因，能做的事情真的不多。過往的經驗告訴我，沒有人對輸家有興趣，那何必繼續一項會讓我把自己貼上輸家標籤的消遣活動呢？

　　後來我選擇了羽球，這項運動比較適合我的基因組成。羽球需要短暫的爆發力、極度的敏捷、快速的反射（身體與心理都是）以及做生意也需要的一種能力：在處理壓力的同時分析並且規劃出策略性的比賽計畫。這是我可以贏的運動，而我的戰績也確實不錯。

　　而且方便的是，我的教區教堂剛好滿足了我青春期的兩種元素。那裡是晚間與週末活動的中心，先是童軍團以及聖瑪格麗特羽球場，再來是教區的活動廳，舞池上有許多女孩讓我們大飽眼福。

　　因為我們教區裡的所有浪漫可能都對我跟朋友們關上了門，於是我們只好轉移陣地到鎮上的活動中心跟皇宮大舞廳去碰碰運氣。我就是在那裡與琴（Jean）相遇，她的微笑從舞池另一端牢牢抓住了我的目光。其他女孩的微笑都經過刻意安排、細心調整，只為了在當晚吸引到最多共舞的邀約，但琴的笑容散發著真實的溫暖，當然她那有如伊莉莎白·泰勒般的電影明星身材也很加分。她非常健談，這同樣讓我感到非常開心，因為我害羞內向而且喜歡傾聽，正好搭配她愛說話的個性。

　　當時我十七歲、琴十六歲，我們的戀情就如那個年紀的許多情侶一樣盛開。只要有時間我們就待在一起，兩人獨處或在共同的社交圈子，用許多的愛與支持灌溉彼此直到兩人融為一體。她是我的另一半，我也是她的，當時的我們完全不認為這樣的愛情會有結束的一天。

｜4｜

就位

　　我與琴墜入愛河的同時也盡責地在福斯特家族事業裡就位。我一週工作四十小時，拿十鎊五先令又六便士，也就是一般生產線員工的工資。

　　到狄恩路報到的第一天，父親拿了一把彎刀給我，用來依照鞋面形狀切割皮革，然後我被帶到一疊八平方英尺如威化餅厚的小牛皮前面，傑夫簡短地指導了我之後就叫我開工。對於多年來看著父親跟比爾工作的我來說，這既不新奇，也沒什麼挑戰性，但我設法讓它變得有趣，看看自己能在一個小時內切割出多少片鞋面。

　　如果要做出最輕量的頂級跑鞋，我們會用袋鼠皮而非小牛皮。袋鼠皮不便宜，但在能拿到手的皮革之中絕對最堅固耐用，也最受歡迎。若是換成別種皮革，只要遇上勾痕、鐵絲網擦傷或是其他傷疤，價格就會被砍。但這種砍價並不適用於袋鼠皮，因為袋鼠皮的傷痕實在太多，人們會直接將此視為皮革

的特色。

　　工廠裡的暖氣供應不足，父親、傑夫與其他工人總在設法暖手，在掌中吹氣、把手掌放到腋下或是把手擺到廠房中央燒著的爐火上。只有我被瑪麗亞祖母寵著，我在她眼中是大選之子，是與已逝祖父的唯一連結。也許她把我看做祖父投胎轉世。無論原因為何，我不覺得有什麼不好的。一天之中總有好幾次，她會拿碳進來燒旺我工作室裡的壁爐，順便帶一杯冒著蒸氣的熱牛奶給我。窗框從磚牆脫落，寒風會從縫隙灌進屋內讓雙手凍僵，此時用手掌圈著盛著熱飲的陶瓷杯，感覺舒服多了。

　　除了祖母的呵護之外，我基本上是獨自在沉默裡工作。唯一的音樂是每一回切割完反轉刀面，冰冷的鋼鐵敲擊皮革的聲響。樓梯另一頭的房間裡有兩位女士在操作縫紉機，偶爾會傳來機器的嗡嗡聲。我哥在下方的生產區做事，吹著曲調輕快的口哨。

　　傑夫已經上工四年。在精通縫紉鞋面的技巧之後，他「升職」了，負責操作裝配鞋子的機器。他懂得操作所有的機器，除了那台用來縫鞋底的布雷克（Blake）。父親給予那台機器一個近乎神聖的地位，多年來沒有人被允許靠近。「它是一頭喜怒無常的野獸，而且修理起來超級麻煩。」父親如此警告，卻只讓我更想操作看看。

　　我趁父親不在工廠的時候偷偷練習使用布雷克。我把鞋子

反過來套在「角」上，一根針從上方打下，在暫時以膠黏上的鞋底縫出一條縫線，下針的速度由踏板控制。技術的重點在於快速而精準地駕馭那根針，但只有父親能全速操作布雷克，而且不在鞋底釘出不該有的洞。跑鞋跟部的鞋底非常窄，所以對於我這樣的外行人來說，「脫軌」是常有的事。前幾次的嘗試讓我在鞋底打了好幾個不必要的洞，後來只好用蠟補起來，希望父親不要發現。

這件事埋在我心底已久，我想要藉這個機會向十幾位一九五〇年代的顧客道歉。當補洞的蠟脫落，他們一定很納悶福斯特跑鞋上怎麼會出現神祕的孔洞。如果你還擁有那雙鞋，應該可以在 eBay 上賣一大筆錢 —— **Reebok 創辦人當年做壞的福斯特跑鞋！**希望這能帶給買到瑕疵鞋的你一些安慰。

我終究練熟了布雷克的操作，但是在我開始習慣鞋廠生活的各種面向之後，我的學徒生涯突然被中止。我被從認識了十八年的日常之中抽走，因為國家徵兵而被丟進操練與紀律的冰冷世界。

除了失去家人與朋友的溫暖，與琴相戀一年的感情也被斬斷。我們，或者說我個人，認為維持遠距離戀愛是不可能的任務。我沒說的是另一個也被徵召的朋友告訴我，我們在服役期間會被英國皇家女子空軍的成員們圍繞。

一九五三年九月三日，在我滿十八歲後的四個月，我搭上前往貝德福德（Bedford）的火車，跟另外十個新兵從那裡跳

上後方有帆布棚的貨車前往英國皇家空軍在卡丁頓的接待單位，進行軍服尺寸測量、醫療檢查以及接種。

我選擇接受雷達操作員的訓練，於是被派駐到沙福郡（Suffolk）的鮑德西（Bawdsey）。但就跟所有新兵一樣，為了把我們「操練成合適的體型」，要先進行為期八週的新訓。地點在沃靈頓（Warrington）郊區的帕德蓋特（Padgate），這段受到嚴格規範的歲月包含天未亮的早晨、許多無意義的行軍，以及洗地擦靴等等的粗活。這些事情的本質在於讓我們學習自律、時間管理還有習慣勞動，這些重點將會讓往後的我受益無窮。

這些狀況對我來說似曾相似，因為我在童軍時期常跟隊員們在野外度過週末。所以我的心理建設在下部隊的準備期間遠勝於其他同梯，他們想家，而且難以接受如此嚴格的紀律。

新兵的父母親會受邀參加結訓遊行。當時母親出席了，父親沒來，畢竟是上班的日子，我並不期待他到場，但我注意到很多人的父親都為此騰出時間。

新訓完結之後，我前往耶茨伯里（Yatesbury）的空軍基地接受雷達操作員的訓練。週六夜晚，我們會到不遠的斯溫頓（Swindon）享受喬・洛斯（Joe Loss）舞團的樂音，暫時忘卻那些雷達技術的教育。

六週後我得到第一個「軍功」，在手臂繡上無限雷達操作員的徽章。鮑德西的空軍基地仍在施工，所以我被送到菲利斯

度（Felixstowe）空軍基地，那裡在二次大戰期間是海上與空中救難隊的基地。當空軍的帆布棚貨車把我從火車站載往基地時，很明顯可以看出這個城鎮需要幫助。

城鎮的低窪地區尚未從最近的嚴重水災中復原，房屋牆面顯示最高水位來到約一‧二公尺，倉皇失措的居民急著從泡爛的房裡搶救所剩的物品。後續清理已經開始，我很希望軍人能被派去幫忙，然而當我們的車隊愈行愈遠，我知道這不會發生。

反之，我被引入科技間諜活動的「尖端」世界。我曾幻想自己竊聽外國將領之間以密碼發送的訊息，從極具未來感的舒適地堡之中阻止敵軍的空襲，成為戰爭英雄。然而我們的雷達站位於特林里西斯的戰爭遺址，事實上只是一個寒冷的棚子。我們穿著令皮膚發癢的公發空軍大衣，一邊打著寒顫一邊在模糊的綠色螢幕上看著無法破解的點點，還要時不時拍打螢幕才能讓它繼續運轉。

直到鮑德西基地完工之前，極度失望的我以為英國皇家空軍的雷達站就只有這樣的水準。到了那裡我才真的開了眼界，看到期待中的世界。我坐在溫暖的戰鬥機控制室，眼前控制台上最先進的設備為整個室內打上橘光，走過一條一英里長的隧道就能抵達位在海底的指揮中心。

我身處四間控制室其一，四間全都俯瞰一張地圖，上面是與歐洲大陸隔著北海相望的英國東岸。地圖兩端配有皇家女子空軍的繪圖器，她們的工作是利用追蹤系統傳來的資訊密切注

意管轄範圍內的所有飛機。我們控制室的氣氛相對平靜，除非
當地皇家空軍基地或是美軍空軍基地有軍刀戰鬥機或霍克獵手
戰鬥機緊急起飛。戰鬥機飛行員才是英雄，而且不只在女空軍
成員閃閃發光的眼神中是如此，這些人是影響人局的酷哥，我
一直渴望能成為其中一員，可以被請去「處理」敵人。不過我
也不討厭自己的角色，雖然比較沒有英雄氣概，身處科技通訊
最前線的我可是目睹了飛快進展的世界。但是，拜託一下，誰
不想要以戰鬥機飛行員的身分被崇拜，尤其是被皇家女子空軍
的成員們？

　　指揮中心由兩組人員值班。早班從早上八點到下午一點，
換另一班接手到下午六點，所以我們有很多時間可以探索鮑德
西莊園，探訪這裡的林地、低地花園和通往私人海灘的蜿蜒峭
壁。如此幽靜生活的唯一干擾就是在暗夜中演練空中攔截的戰
鬥機，好在這種事不常發生，但如果你碰巧在宣布夜航的白天
值早班，就必須連輪兩班，在下午六點之後繼續上班。縱使戰
鬥機本身配有雷達，仍仰賴於指揮中心的控制員引導。等到所
有受引導的戰鬥機都平安返回基地，指揮室裡的我們才能下
班，此時四名雷達操作員以及繪圖桌上的兩名女空軍才被允許
離開崗位，走過半英里以上沒有照明的樹林返回空軍軍營。許
多雷達操作員之所以不那麼討厭夜班，就是因為可以半夜護送
女空軍穿過樹林。

　　當我活躍於軍中，體壇也持續進步發展。人們跳得更高，

游得更遠，跑得更快。舉個例來說，羅傑・班尼斯特（Roger Bannister）在四分鐘之內跑完一英里，這在以前被認為是人類不可能達成的事情。那場比賽以及隨之而來的話題性讓大家對體育活動的興趣暴增，可惜的是班尼斯特穿的不是福斯特跑鞋，他腳上的釘鞋來自於父親最大的競爭對手 G. T. Law & Son。若非內行人，基本上看不出福斯特釘鞋與 G. T. Law & Son 釘鞋的差異，但他們的公司位在倫敦，更有機會接觸到羅傑・班尼斯特那種住在南方的頂尖運動員。

身在鮑德西的我為此感到驚奇，而班尼斯特的紀錄也鞏固了我的的信念：就算大家普遍認為某件事無法達成，也不代表真的做不到。

多虧了高超的羽球技巧，我多數的服役時間都不是待在控制站，而是拿著羽球拍對戰。當兩年的兵役終於進入尾聲，我被召進人事官的辦公室。他請我坐下，問我有沒有興趣簽下去成為英國皇家空軍的職業軍人，如果願意的話，部隊會馬上安排我進行軍官訓練。這個問題在我意料之外，當下只能沉默以對，我本來以為這只是預備退伍的例行匯報。

我還是沒有回答。人事官看著我，頭偏向一邊說：「怎麼樣？」我的腦袋在評估對方的提議。這是成為戰鬥機飛行員的第一步。我想到那些皇家女空軍，她們真的充滿了吸引力，但心中有某個聲音告訴我，有另一個命運正在等著我。

於是我在一九五五年的九月返回博爾頓，再一次，我在家

族事業裡就位。許多東西在我離開的兩年之間改變了，包括我本人。我總算從阻止自己看見廣大世界的狹隘思維中解放，我的眼光終於越過博爾頓的工廠煙囪、維多利亞式的紅磚建築以及蘭開夏人生的既定路程：出生、勞動、死去，穿插其中的是週末第一天的足球活動以及週末第二天的宗教活動。

現在我知道外面有個更廣大的世界，我對關注、讚美和認同的渴望轉了一百八十度，從內心的密室轉往外在的世界。我想要證明自己，想要成為全球進化的一部分，只是還不確定要怎麼做，縱使答案其實近在眼前。

博爾頓漫遊者當時已經成為一九五〇年代最偉大的足球隊之一，把國際體壇的聚光燈帶到這個城鎮。再加上民眾對於體育的興趣大增，照理來說福斯特跑鞋的訂單應該從全國各地的體育用品店不斷湧入才對。但在我服役的兩年之間，湧泉成了水滴。

蕭條的原因並非我的缺席，而是因為新的運動鞋公司開始在業界打響名號。當 Adidas 跟 Puma 等等的品牌大舉推出新設計，J. W. Foster & Sons 營運的方針仍是「做了鞋子，顧客自然會來」，期待市場主動迎合我們。如果說有一件事是恆常不變的，那就是父親與伯父不求進取的態度。

公司仍以比爾手工縫製的運動鞋聞名，但有了一個新進展。透過朋友的朋友牽線，比爾簽下一紙美國的經銷協議，內容協議每個月要交兩百雙手工 DeLuxe 釘鞋給耶魯大學的兩位

總教練：法蘭克・萊恩（Frank Ryan）以及鮑勃・金傑克（Bob Geinjack）。這等於一腳踏入了十分有利可圖的南美市場，雖然我認為父親跟比爾都不明白這件事代表著多麼巨大的機會。

服完兵役回到公司的我非常想把這個協議做大，看看我們能否在大西洋比較有錢的彼岸開創更多商機，但父親跟比爾對此都興致缺缺。他們滿足於這種平淡無奇的協議，絲毫沒有顧慮到這樣的安排危在旦夕，因為達斯勒兄弟的 Adidas 跟 Puma 在國內外都愈來愈具影響力。我認為如果不做出反擊，達斯勒一家勢必會把我們從這個產業淘汰。

這不是唯一令我感到挫折之處。皮革銷售員會踏上旅程造訪我們的工廠，試著把皮革販售給我們，於是我想：何不帶著鞋款上路推銷呢？這既符合邏輯，也是必要之舉。然而，父親跟比爾對這項提議又是嗤之以鼻。

父親與伯父困在自滿的泡泡裡，對於商業環境的變動一無所悉。對當時的他們來說，目標不是以更新的設計、更好的款式以及更積極的行銷來提升公司的地位，他們的焦點在於為自家維持還不錯的穩定收入。這只不過是一份工作，讓他們得以把食物放到餐桌上，把萊姆酒裝進玻璃杯。任何需要多加思考的計畫、任何會改變現狀的想法都會立刻被否決。沒有熱情，只有對舒適、滿足與安全的欲求。

擴張不在選項之中，因為維持現狀已經夠困難了。他們之

間總是存在歧見，從訂購皮革的廠商到鞋款使用的包裝，只要遇到任何一個需要做出的決定，另一個兄弟一定持相反意見，結果就是不斷延遲必須採取的行動。

　　心灰意冷的我看著曾經風光的公司在兩個老闆的牛脾氣底下逐漸衰敗。唯一能阻止公司因內訌而崩毀的只有瑪麗亞祖母，她總在兩兄弟針鋒相對之時介入。她會插嘴罵道：「你們不要蠢成這樣！」祖母總是用自己矮小的身材與手上的木掃把阻止兩兄弟大打出手。「兩個白癡，要我抓你們的頭互撞嗎？都給我回去工作！」

　　到了這個時候，對父親和比爾失去耐心的不只是瑪麗亞祖母，真的不能再放任他們這樣下去了。

| 5 |

終結的開始

　　父親跟比爾對福斯特鞋廠發展的冷淡開始澆熄我對這門生意的興趣與企圖心。兩名船長都對上升的水位視而不見，菜鳥軍官又何必試著拯救這艘將沉之船？

　　我再次把注意力放回社交生活，也跟琴重修舊好。我們順利復合，彷彿未曾分手，但她能感覺到我已不像當初那樣無拘而輕鬆。我們從前的對話總是雲淡風清，現在變得深沉，比我服役之前多了幾分憂慮。我常在約會的夜晚傾吐自身的挫折感。「這就只是一份工作。」她會這樣回答：「上班時做你該做的事，下班後就別再掛心了。」而我也盡量遵循她的建議。但我心底清楚，如果事態繼續發展下去，很快就會**連這一份工作都沒了**。不僅如此，為一間毫無遠見的公司工作實在很沒成就感，尤其當這間公司是自家的。

　　傑夫當時延緩了兵役，所以比我晚九個月退伍，他也馬上看出公司正在向下沉淪。哥哥回來很好，終於能聽到與我相似

的理性聲音，但傑夫跟父親一樣都習慣選擇阻力最小的道路。
他的想法是，倘若工廠真的倒閉，他就去別地方找工作。哥哥
不像我那般直言不諱，當我提出顧慮時，他會保持沉默，讓一
切順其自然。我猜我是主動型的，而傑夫是被動型的，他會在
沒有退路的時候採取行動，而我會採取行動來避免沒有退路的
情況。

　　要不是傑夫被迫改變，也許公司裡的一切都會保持原樣。
退伍後的傑夫一穿上米白色工作服，父親就因疑似肺結核而入
院。這代表傑夫跟我必須攬下父親這一頭的業務，比爾則繼續
手工製作他的專業運動鞋款。少了兩兄弟每天的爭執之後，工
廠生活變得相對平靜，比爾也樂得讓我們自由發揮。

　　父親的缺席重新點燃我對這門生意的熱忱，對傑夫來說也
一樣。大人不在家，我們可以隨心所欲。這是我們第一次可以
在產品上留下自己的印記，我們沒有浪費任何時間，馬上開發
出了兩款新跑鞋：白色的 Trackmaster 與 Sprintmaster。倘若
可以從福斯特內部注入一點創新，也許就能讓公司免於災難，
至少我們是這樣想的。然後，父親回來了。

　　大多數從鬼門關前回來的人都會把一切看得比較淡然，願
意停下腳步欣賞生活中的人事物。但這不適用於父親，他迫不
及待要延續兄弟之間的戰爭。就在出院回來的第一天，瑪麗亞
祖母就為了平息兩兄弟的交火而束手無策。過不了多久，所有
開發全數停擺。如我所料，其他品牌搶走我們更多市佔，公司

收益創下新低。無法施展拳腳的狀況下，我的熱忱再次消退，只好把焦點轉向工廠外的生活。

退伍後一年，我與琴在安斯沃斯（Ainsworth）的一神普救派教堂成婚。安斯沃斯是她父母親居住的小村莊，我們跟兩老一起在那裡住了一年，然後背房貸在博爾頓北部的哈伍德（Harwood）買了一間平房作為日後的住處。

有一段時間，我們在平房裡過著知足的生活。依循琴的建議，我學會區分：工作歸工作，家庭歸家庭。這樣過日子舒服又方便，然而我同時感受到一股悶燒的沮喪，因為自己又回到狹隘舒適圈的泡泡裡，也因為人生沒有前進的方向。非得家族裡有人逝去才能打破這層繭

也許是阻止兩兄弟爭吵的壓力太大，也許是酒喝太多，或者就是時候到了，瑪麗亞祖母在一九五七年死於肺炎。她臥病在床受苦，溺斃在自己的肺裡，好在這般磨難只持續了幾天。

喪禮很肅穆，喪禮本該如此。但當我站在雨中看著潮濕的泥土打在紅木棺材上，能感覺到一股不祥的暗流，感受到祖母的死去帶來的並非家庭糾紛的終結，而是更加黑暗的時期。父親緊鎖的眉頭、比爾低聲的咕噥以及兩人之間保持的距離都表現得再清楚不過了，我與傑夫相視後翻了個白眼。

瑪麗亞祖母走了之後，家裡不再有人能阻止父親與比爾爭吵。我們曾經希望他們會在自己的母親驟逝之後明白事理，培養出一點兄弟間的團結精神。我們錯了，並且想著不知道接下

來會發生什麼事。但沒有等太久，我們就知道了。

喪禮隔週的星期五，傑夫跟我在 Olympic Works 操作機器時聽到走廊上的辦公室傳來爭吵的聲音。我們早就習慣聽到他們怒吼，但這次有點不一樣——更大聲，也更有攻擊性。於是我們往混亂處衝去

父親用手臂把比爾架在檔案櫃上。滿臉脹紅的比爾試圖掙脫，嘴角噴出唾沫。父親睜大眼睛，我從未見過他那種瘋狂的眼神。他用力阻止比爾舉起拳頭，手臂上青筋暴露。我把父親扯開，傑夫抓住比爾。

我大吼：「你在幹嘛啊？」

父親用手指著他哥說：「他是個廢物酒鬼。」無可否認，比爾確實每天渾身酒味，就算是一大清早，而在午餐過後通常更醉。他操作的機械很容易切斷手指，就算最清醒的員工都必須謹慎以對。比爾到現在還十指俱全，堪稱奇蹟。

比爾口齒不清地說：「我跟你之間完了。」

父親說：「告我啊。」

傑夫設法把比爾拖出房間，我試圖讓父親冷靜，讓他明理一點，但他沒心情聽人說教，尤其是他的兒子。我很早就知道，小孩在他人生中尊敬的對象之列絕對是敬陪末座。對他來說，後代就像皮革邊料，是不相干的副產品，只能在補洞的時候拿來湊合著用。

鬥毆之後，兩兄弟斷然拒絕跟彼此對話。可以想見這對於

公司營運的效率沒有幫助，該繳的費用沒繳，存貨也被耗盡。但他們的沉默不語也有好處，他們鮮少來打擾我跟傑夫，於是我們繼續研發新設計。

　　縱使在產品開發上頗有進展，但我們在販賣與經銷上仍落後競爭品牌一大截。我曾懇求父親雇用推銷員來拓展領地，但跟我的其他所有建議一樣，這也被全然否決。他滿足於以不慍不火的口碑跟當地人脈來推動生意，搭配偶一為之的誇大其辭。

　　那陣子父親因為福斯特品牌接受《博爾頓晚報》採訪，在訪談中宣稱他手下有二十名員工。

　　看到文章後，傑夫質疑：「老爸，哪來的二十名員工？」

　　父親說：「算上郵差、清潔工跟全部的貨運司機，是二十個人**沒錯啊**。」他認為這樣的宣稱合情合理。其實公司裡只有八個人在工作，包括比爾、父親、傑夫跟我。但難得看到父親稍微運用一下行銷伎倆，倒也令人耳目一新。

　　姑且不論數字誇大，到了一九五〇年代中期，J. W. Foster & Sons 停滯不前，困在一九三〇年代的心態裡。父親的座右銘是「沒壞就不用修」。問題是，就算我們公司沒有什麼地方壞了（除了他們兩兄弟的關係之外），競爭對手就是一直進步，飛快地往前跟往上移動，而我跟傑夫看得出來自家公司正朝著反方向沉淪。

　　雖然我跟傑夫稱不上「超級好麻吉」，但我們確實看重並

且敬重彼此，懂得互相照應。我們在社交方面分屬不同圈子，也有著不一樣的體育嗜好。傑夫每天騎單車，而我依然一週打三、四次羽球。

我們會在舞廳相遇，也就是在那裡，我看著琴跟朋友在舞池轉著連身裙，向傑夫提議一起勸父親另起爐灶，離開比爾開另一間公司。傑夫皺眉，覺得這對比爾伯父不公平，幾乎像是一種背叛。我告訴他，少了跟父親的鬥爭，比爾那一邊的生意將會更加興旺，而且減低壓力之後，甚至連酗酒的習慣都可能改善。終於，傑夫點頭答應。

父親在客廳的辦公室裡把一堆發票從桌子的一頭搬到另一頭，打開一個抽屜，然後又關上，站起來走到房間另一處開別的抽屜。

「爸，我有事情要跟你商量。」我想要得到他全部的注意力。我想要他看著我的眼睛，看看我有多認真，知道這並非自命不凡的年輕人的一時衝動。

「啥？」他繼續在房裡移動，連頭也不抬。

「我有個主意。**我們**有個主意……。」

「『我們』是誰？」他背對著我問，同時繼續在檔案櫃抽屜裡翻找。

「我跟傑夫，我們在想……。」

「你有沒有看到 Arkwright 的舊訂單……板球鞋那個？」

「沒有，我……總之，那個，傑夫跟我想在福斯特之外跟

你一起另外開一間公司，比較現代化的那種。」

「媽的，你祖母把那訂單放到哪了？」他繼續到處翻找。

「所以，你有什麼想法？」

他轉過身來，眼神看遍整個房間就是不跟我對眼。他說：「對於什麼的想法？」

「對於我、傑夫跟你……另外開一間公司。」

「我沒興趣。而且，你們根本不知道怎麼經營一間公司。」他的眼神冰冷無情，而我小時候看過太多次這樣的神情。例如，當我想要在學校運動會跟其他小孩一樣騎在父親背上歡笑。或者，當母親提醒他那天是我的生日，他只好含糊祝我生日快樂，然後尷尬地摸摸我的頭。他轉身一邊繼續尋找那張不見的訂單一邊說：「反正，你們不需要另一間公司，這間公司很快就會是你們的了。」

我對著他的背影問：「什麼意思？」

「你們比爾伯父不會再活多久，他酒喝太多了。等比爾離開，我也走了，全部都會留給你跟傑夫。」

我沒說話，說了也是白說。我知道這間公司很快就會**不存在**了。我嘆了口氣離去，讓父親專心找他的訂單

等我跟傑夫繼承公司，市場上早就不會有這種過時品牌的立足之地。我唯一的選擇就是繼續糾纏父親跟比爾，求他們做出必要的改變，不然就是自立門戶。我已經碰壁夠多次了。但是，在沒有資金也沒有商業經驗的狀況下跟傑夫創立公司的想

法太過瘋狂，而且也不太可能。我有野心，但不是蠢蛋。

　　我跟傑夫擁有的製鞋相關知識全是過去幾年在工廠裡邊做邊學習而來。無論福斯特是否真的破產倒閉或者奇蹟似地在我們繼承時仍保有戰力，我們都必須了解這個產業的所有面向，不只是生產製造而已，還包括進貨、記帳、打版、機械保養等諸多事項。

　　要精進知識的唯一方法就是重回校園，於是我們註冊了當地大學的製鞋課程，一個星期有三個晚上要去上課。坐著傑夫的機車通勤，走過大學的門口，我感覺自己的人生正在後退，而非前進。

　　往後幾個月，我跟傑夫除了上夜校之外也如常繼續工作，默默思量著未來繼承福斯特之後要實現的種種想法。我們甚至開始找尋廠址，以備有朝一日把品牌做大之後要換更大的工廠。

　　半工半讀很需要時間、體力以及投入，而且也很傷荷包，畢竟有學費要付。某天我一時心血來潮竟然問父親願不願意替我們支付學費與通勤費，我解釋說我跟傑夫的所學不只在繼承公司之後有用，對目前的損益盈虧也有幫助。早知道我就不要提了。父親說：「你們要怎麼度過下班時間是你們的事，但休想花我的錢。」

　　傑夫跟我習得大量實用的知識與技術，急切地想要說服父親或比爾採取某些改善建議，不只是在鞋款製造方面，也在商

業經營方面。有太多當初做了就會影響未來的事情，但他們照例拒絕接受。在他們眼中，我們不過是兩個想要闖出名堂的小子，以為自己什麼都懂，甚至有資格教育製鞋大師。

事實上，不需要我們多說，他們也能看出公司的生意一落千丈。數字就攤在眼前。公司開發的新設計不夠多，而且仍仰賴每週印刷廣告這種過時的行銷手法。父親跟比爾不是掌控生意，而是被生意掌控。我們全面依靠既有的市場以及老客戶，而其中也有許多被 Adidas 或 Puma 那些定期推出優秀新品的品牌所吸引。我們非得開拓新領地不可，但我們沒這麼做，到了這個階段我也明白我們永遠不可能這麼做。我能看見不祥之兆，而我跟傑夫都心知肚明終有一方要退讓。任何關於改變的建議一而再再而三被斷然拒絕，我終於忍無可忍。好，我決定了。

| 6 |

攤牌

　　我知道今天就是攤牌日。在其他公司蓬勃發展的同時坐看福斯特沉淪，這份沮喪耗盡了我所有心神。終於被允許操作布雷克的我，有如在一級方程式賽道上駕駛賽車，沿著一隻跑鞋的鞋底跑著針。我未曾嘗試讓針跑得這麼快，但憤怒讓我魯莽，甘冒風險，像握著方向盤一樣扭轉鞋身，飛針在狹窄的後跟上疾馳。我的腳用力壓在踏板上，幾乎要把踏板踩進地板。我咬牙切齒，眼神因專注而燃燒，腳踩得更大力了。子彈般的針愈打愈快，發出機關槍的聲響。然後，我在最後一次過彎失手了。針尖劃過足背，用孔洞留下一條虛線，差一點打在我的手上。

　　我罵了一聲髒話，把鞋子扔在地上，大步穿過泥灰牆壁走廊，走進辦公室。黑暗中，父親坐在祖父的拉蓋書桌前翻閱《田徑週刊》（*Athletics Weekly*）。黃銅桌燈以微弱的光線照著他的臉，他那灰白的眉毛、冰冷的藍色眼睛以及下垂的臉頰。

我頹然地跌坐在他對面的椅子上，他瞥了我一眼，然後繼續看著雜誌，一句話也不說。

我沒有拐彎抹角的心情。「老爸，我跟傑夫要走了。」他連眉頭都不皺一下。我等了一秒。「老爸！你有聽到嗎？」

他的眼睛仍然沒有離開雜誌，輕聲說：「為什麼？」

「我們不得不走，這間公司快不行了，你不讓我們幫忙。」

他緩緩闔上雜誌，把雜誌放在桌上，然後抬頭。

「我已經告訴過你了，我不需要你們的幫忙。我們沒有問題……」

「我們的問題可大了，老爸。我們一直在失去市場，我們需要新的設計——」

「我們沒問題。」他插嘴道：「你們太年輕，太沒耐性了。我跟你說過，這公司很快會變成你們的了。」他用眼睛跟頭稍微示意。

我盯著他那雙沒有生命力的眼睛。眼前的這個男人早已失去戰意，他的面容因為年紀、勞動和酒精而蒼老。眼前的男人認命了——出生、勞動、死去。眼前的男人相信他知道自己的位置，認為生命的意義在於努力工作、養家活口，不要興風作浪，當一個流暢運作的機器裡的一顆小齒輪。他乖乖接受這樣的命運，連稍作反抗的意圖都沒有。

但這不是我的命運。我深深吸了一口氣。「我們要走了。

今天就走。我跟傑夫要去開另一間公司。我們本來要找你合作，但你說⋯⋯」

他猛然站起，眼裡又有了戰意。「這都是你的主意，對吧？不是傑夫。」他從書桌的皮革桌面上抄起一把鋼製拆信刀，舉到腰部高度，刀頭對著我。我跳了起來，椅子刮過磨亮的木質地板。有一瞬間，我真的以為他會失控殺了我。我們睜大眼睛瞪著彼此，都在等對方做出下一個動作。父親伸手向前，把刀推給我。「拿去，你乾脆給我一刀好了。」他把握著拆信刀的手掌打開，要我把刀拿走。我的目光從他的臉移到刀上，再從刀移到他的臉上。我未曾見過這種程度的憎惡。

轉身離開的時候，我覺得被刺一刀的人**是我**。我的心確實被刺了一刀。父親斬斷了我們之間的關係，而且把罪推到我身上。不是歸罪於**我跟傑夫**，而是**我**。我知道無論做什麼，我們父子倆都不可能重修舊好。從各方面看來，他已經想跟我斷絕關係很多年了，如今我們成了生意上的敵手，正好給了他完美的理由。

我沒有沿著廊道走回工廠。反之，我右轉從前門出去，站在陽光底下。除了兩三朵雲之外，晴空萬里。我跟傑夫兩兄弟。我心想。脫離控制，靠我們自己。

我深呼吸，回頭看著整排一模一樣的房子，全然的一致之中僅有少許變化：窗台上的盆栽、較深色的窗簾、漆上不同顏色的大門。現在的我已經掙脫傳統的鎖鏈，那種陳腐的心態認

定如果長久以來都是這樣進行的，就應該永遠都這樣做。

我有去開闢自己的道路、去超脫大家預期的自由。沒有限制，沒有強加的規則，沒有會被他人打壓的夢想與企圖。只有我跟傑夫，還有自由的未來。

我看著剛剛經走的大門，想像著曾經在此排隊的人龍：人們擠在被雨水刷成兩個色調的石板步道上，喧鬧著想要拿到祖父在一九八五年創造的看似來自未來的跑鞋。自從父親跟比爾接手家業，排隊的人龍一去不返。他們現在可能在別處的體育用品店門外排隊，那裡販賣拴有鉚釘的最新 Puma Weltmeister 足球鞋，或是有著尼龍前掌的 Adidas「墨爾本」田徑鞋。在 Olympic Works 門口聚集的只有被風吹得散落一地的《博爾頓晚報》，都是昨天的新聞，就像福斯特一樣過時。我邁開腳步走遠，解放的爽快感受底下藏著一絲懷舊，彷彿我已經開始回憶過往。我愈走愈遠，不知道身後那扇門還會為我敞開多久。

| 7 |

水星升起

「你說你做了什麼？」

雖然我早已暗示可能的發展，但是琴最初的反應實在稱不上支持。我們的房貸才繳了兩年，琴先前安排的房屋整修計畫也帶來不少待繳的帳單。但她早就知道我在福斯特上班不愉快，加上我熱情而樂觀地對於創業後（終究會有的）無限商機侃侃而談，總算贏得琴的支持，至少暫且如此。

父親沉默的抗議持續著，但只針對我，他覺得傑夫是無辜的。在父親眼中，是我誘拐哥哥去創立一間「敵對公司」，甚至是用脅迫催逼的手段。想讓福斯特進步的欲望讓我比傑夫更加直言不諱，而他也確實比較安靜寡言，習慣於追隨，而非領導。然而我倆都在工廠做事，都因為服役而拓展了眼界，也都心知肚明近年來的重點已經不是福斯特發展得好不好，而是福斯特**若不**趕上一九五〇年代的潮流，就難逃被淘汰的命運。

但是一如既往，罪由我扛。父親跟我都天生固執，兩人都

不願承認自己錯了。其實，我們兩人都沒錯。父親不願付出更多努力，也不想把事情弄得更複雜，滿足於維持現狀。這是他那一代的文化，這是**他的**作風。如果因為拒絕與時俱進而讓公司崩毀，那就這樣吧。這是他（以及比爾）的事業，他想用什麼方式經營都可以，就算這代表讓公司一敗塗地。

反之，我需要讓自己的創業精神掙脫束縛。打卡上班，機械似地完成被交付的任務，不提任何問題，然後打卡下班。我無法在這樣的事業或是工作中生存。如果有需要改善的地方，就要去改善，不這麼做實在說不過去。但是，父親跟我是南轅北轍的兩種人。

現在只能看著一個方向，就是前方。最大的問題是要怎麼做？完整的製鞋課程長達兩年，雖然我們已經快要上滿一年，但無法維持長時間沒有收入的生活。所以我離開校園，留下傑夫繼續上課獲取更多關於設計與打版的知識。我花了好幾天搜索機器與場地，以便盡快開始做生意。

我決定不在博爾頓找地方租，一部分是出於對福斯特的尊重，但主要是因為我們想靠近蘭開夏更成熟的製鞋核心區域，即往東五到六英里處的羅森戴爾山谷（Rossendale Valley）。

該區不乏堪當我們創業基地的房屋，但我們也需要住的地方。尷尬的是，縱使我們已經脫離家族事業，傑夫仍跟父親住在同一個屋簷下。這對他們兩人來說都不甚理想：傑夫得時常受父親冷言冷語攻擊，而父親也會時常想起兩個兒子的背叛。

我們都同意他必須盡早搬出家門，但沒有足夠的資金就不可能做到。

要攢到足以租一間廠房的錢，唯一的方法就是賣掉我跟琴的平房。這代表我們必須搬回去跟琴的父母住時間一段時間，直到我們找到合適的廠房還有另外一個可以稱為家的住處。

跟岳父母同住並非我特別偏好的事情，尤其當我已經習慣夫妻兩人的舒適家庭生活。但我知道，往前邁進之前，有時候必須先後退幾步。

一九五〇年代後期，羅森戴爾山谷一帶有許多空建築，多半都年久失修，破敗不堪。我們選了**不至於完全**破敗的一棟，稍微做些補強，然後盡量對多處眼不見為淨之後，伯里（Bury）附近博爾頓街上的廢棄啤酒廠成了我們新創事業的發射基地。

這幢三層樓的雙門建築有太多不理想的地方。雨水透過石板屋頂上幾個拳頭大小的破洞滴到不堪使用的三樓，危危顫顫的木樑在腳下嘎吱作響，一樓正中央有一個發臭的廢棄水井，先是被製床的前任房客用來丟棄老舊床墊，後來成了當地老鼠俱樂部鍾情的聚會場所。

然而這棟樓也有幾個好處：

一、一樓某個區塊有一個獨立的出入口，開門出去是房屋旁的大庭園，此處可以另外出租給別人以增加一些額外收入。

二、廠房包含居住空間，代表我跟琴可以從她父母的客房

搬到工廠裡住，就像 J. W. Foster 草創期的祖父喬與瑪麗亞祖母一樣。傑夫決定暫時繼續跟父母親住在一起。

三、工廠外面就有公車站，方便琴上下班通勤，她在隔壁雷德克里夫鎮（Radcliffe）的 Greengate & Irwell 橡膠公司上班。

接著琴著手布置新居，用生意投資餘下的錢盡可能添購生活必需品。我們把擁有的少量家俱帶來，穿過前門經過有玻璃門的辦公室，搬進小小的居家空間。我們在這個空間裡塞入兩人座沙發、扶手椅以及黑白電視機。當我到處挪動物品的時候，琴就用房間旁邊小廚房的爐火暖暖手。

未來的辦公空間有一道木頭樓梯，我爬上去抵達建築物裡唯一有裝潢的房間，走過鋪著地毯的地板拉開框格窗往外看，看到一群嬉鬧著玩賓果的女人走進隔著博爾頓街與我們相對的公主舞廳。

倚身窗外，我看見三個駝背的男人，手插口袋，面容憔悴而黯淡，走進我們庭院那頭的 Lord Nelson 酒吧。他們的腳步緩慢，幾乎算得上無奈，彷彿每晚去那裡喝酒是一種義務，好像在輪另一個班。對於某些歷盡生活風霜的人來說，也許真的是如此。

我深吸一口氣，這就是以後的家了。這就是我們會在附近看到的生活樣貌，唯一的亮點就是每天注入的酒精，每週兩次

跟言語粗魯的賓果主持人調笑，或是每兩週造訪一趟吉格巷（Gigg Lane）球場觀賞伯里足球俱樂部的主場比賽。

然而，當地居民的擁戴多半流向六英里外的般頓公園球場，也就是伯爾頓漫遊者隊的主場。球迷的狂熱程度已臻巔峰。就在一九五八年早些時候，他們在足總盃以二比〇力克強敵曼聯，溫布利球場（Wembley Stadium）裡的十萬名觀眾躬逢其盛。兩球都是當地的英雄尼特・羅富侯斯（Nat Lofthouse）踢進的，當然，他腳上穿的是福斯特足球鞋。

我猜，不迷足球的我算是少數異類。我只對球員腳上的鞋子有興趣，而在尼特這種球員身上，我更在乎的是他的表現能為公司創造多少廣告效應。我不了解那些球迷，不了解他們全然投入情緒擠在戶外的看台跟另外數萬名激動的追隨者摩肩接踵，未來一週的心情取決於哪一支球隊能在往往大雨傾盆的九十分鐘內把球弄進網子裡比較多次。

這是球季期間一週接一週上演的戲碼。這能得到什麼收穫？部落勝利式的雄性激素飆升。可能的代價呢？自己跟身邊眾人的悲慘、沮喪與失望。至於唯一的解藥是必須一週之後再到球場的水泥看台上碰碰運氣。

最糟糕的地方是，這一切全在你的掌控之外。無論你有多麼憤怒，無論你對著球員喊出什麼建議、又對著裁判噴出什麼罵語，無論你跟朋友們賽前在酒吧構思多少戰術與策略，無論你的事後諸葛有多麼鞭辟入裡，對於比賽的結果都不會有一絲

一毫的影響。就跟賓果遊戲一樣。

對我來說，精力應該耗費在自己能夠控制的事物上，至少在某種程度上能夠控制。但這一直是大眾選擇的生活方式，尤其在博爾頓這樣的工人階級城鎮更是如此，而這也是我必須逃離的生活。沿著一路維多利亞式的紅磚排屋望去，我感受到興奮之情升起。現在我有了一間工廠，有了開始逃離的工具。

※　※　※

那間工廠看起來不怎麼樣，裡裡外外都很簡陋，但那是屬於我們的工廠，而我跟傑夫就在一九五八年末開始在「水星運動鞋」（Mercury Sports Footwear）的華麗名稱之下開始做生意。

我們透過 Shoe & Leather News 上的分類廣告東拼西湊購入二手機械，把它們靠著裸露的磚牆放置，因為二樓工作室的地板無法承受這樣的重量。

最初的探訪者之一是來自里茲（Leeds）英格里斯的皮革業務。帶他參觀完我們的工廠之後，注意到廠內沒有太多機械的他露出不信任的神情，問道：「你們確定有足夠的設備可以生產鞋子嗎？」

每個工作台之間確實都有很大的空地，但我們知道有這些設備就夠了，雖然這些只是基本中的基本。我們在房間中央打造一個凳子，上面有三個撐台，讓我們能以手拉緊皮革，在鞋

楦上定型。這是大學製鞋系的主任協助我們設計出來的。我們
微薄的資金不足以購買拉皮定型的機械，但不久之後便入手一
台 Camborian 的中幫機。在手工定型鞋身，並用手在撐台上拉
緊腳趾與後跟的皮革時，那台機器可以幫忙把鞋子的兩側拉進
來，不只可以做出更好的輪廓，也能加快整個製鞋的過程。

　　中幫機的隔壁放著一台粗磨機，基本上就只是旋轉的鋼絲
輪，用以把皮革鞋面磨粗，讓底下的纖維暴露以幫助吸收黏著
劑。旁邊則是一台用來擦亮鞋底的打磨機。這一頭還有三台手
工操作的機器：引導鞋底縫線的開槽機、修補鞋面的補鞋機，
以及裁切鞋面的裁切機。

　　另一頭的牆壁旁擺著一台雙動去污機，用以磨除瑕疵，讓
皮革表面光滑。還有一堆空氣墊，以便在為訓練鞋及賽道鞋黏
著膠底時以壓縮的空氣施加壓力。最後則是跟父親那台一樣用
來縫製皮革鞋底的布雷克。

　　這樣聽起來似乎有不少機器，但真的只是正好足夠我們開
始製造少量鞋款的最基本所需。

※　　※　　※

　　雖然在我們從福斯特出走之後，父親跟我們已經沒話好
說，但我們仍保有一點對家族的忠誠，覺得最好不要直接跟福
斯特打對台。純粹基於傑夫熱衷騎單車，而且知道單車騎士需
要什麼樣的鞋子，所以我們便開始專攻單車鞋，開發出三種款

式：Chllenger、Aggressor，以及 Supreme。在傑夫花了好幾週試穿並且做出調整之後，我們的下一個挑戰就是創造出市場需求。

雖然預算很緊，但我們投入了一些資金在《Cycling》雜誌上刊登廣告。一位當地的單車選手諾曼・凱（Norman Kay）看到廣告，問我們能否以只拿傭金的形式聘他當銷售業務。基本上就是請他背著背包騎上單車，帶著鞋款樣品造訪伯里方圓五十英里內的所有單車店。這招有效。他很受當地商店老闆們歡迎，需求在幾個月之內就超過我跟傑夫以及廠內少得可憐的機械所能生產的數量。對於剛起步的事業來說，過量的需求是一個很棒但是亟需解決的問題，不然就無法滿足顧客。倘若生產跟不上需求，不只賺不到該賺的錢，更會一開始就丟了品牌的名譽。我們需要更多的機器、更多的材料以及更多的員工。

公司目前的陣容包括我、傑夫以及喬伊絲（Joyce）。喬伊絲是母親的朋友，在我們人手不足的時候來幫忙縫製鞋身。顯而易見的是，工廠需要更多個「喬伊絲」，但我們沒有錢可以按照行情來支付工資。

於是我們選擇在《伯里時報》（Bury Times）上刊登招募學徒的分類廣告。第一個來面試的人名叫大衛・克蕭（David Kershaw），是一個稚氣未脫的中學畢業生，厚臉皮的性格跟學習所有鞋業相關知識的熱忱讓我們留下很深刻印象。

我們一週送他去羅森戴爾大學一次，一部分是要逃離他那

永無休止的笑鬧，但最主要是要讓他的腦袋裡塞滿所有製鞋相關的知識。

為了負擔多餘的開銷，我們需要確保有更多錢滾進來，就算微薄也不無小補，因此我們必須聘僱第二個銷售業務。我們決定在南方碰碰運氣。這是一場賭博，因為光是在當地的單車店與零售商推廣水星品牌就夠難了，但我知道公司早晚都要拓展領地。

我們又投入了更多錢在《Cycling》雜誌上刊登廣告。過沒多久，我們就收到幾封求職信，於是指派了另一個自由接案的業務。幸運的是，他比第一個業務還要成功。

泰勒先生（Mr Taylor）來自蘇格蘭，為了推銷各種單車產品搬到倫敦。他帶來了超大量訂單，又一次，傑夫、我、喬伊斯跟大衛必須拼命趕工。我們現在還面臨了一個現金流困境，就是沒有現金流。看來該是跟我的第一個銀行經理史塔波先生（Mr Stoppard）見面的時候了。

史塔波先生是個身材瘦削、頭頂漸禿的五十多歲男子。聽到我為了新創事業需要貸款之後，他馬上跟我分享了一個故事：他的同事曾在一九三〇年代借了一百英鎊給比利・布特林（Billy Butlin），也就是那個超級成功的英國度假營創辦人。

史塔波先生顯然很羨慕同事的遠見，非常渴望擁有自己的成功故事。那我何不打蛇隨棍上？我告訴他，**屬於他的**比利・布特林現在就坐在他眼前。我會讓那位度假營老闆相比之下微

不足道，也會讓他看起來像個金融天才，只要他有足夠的膽識和想像力去相信水星會從曾經名噪一時的 J. W. Foster & Sons 的灰燼之中升起。

史塔波先生專注聽著，想像自己從銀行同事那裡扳回一城的那天。事實上我沒有花太多力氣說服他就得到了初次貸款。他同意貸給我兩百英鎊鉅款，這在當時是很大一筆錢，然而事關做生意，實在遠遠稱不上足夠，但至少是個開始。

後來我又跟琴的叔叔借了五百英鎊，這艘風雨飄搖的船才稍微有了些許安定。琴的叔叔完全相信水星的潛力，欣然把錢借給我們，而且不收利息。他對我們的事業充滿熱忱，可能也很殷切期盼投資的錢能翻倍，所以常常會騎著單車造訪工廠，問說他能否幫忙做點什麼事。

有了這筆錢之後，我們購入了足以滿足當前需求的材料，同時支付了其他開銷。然後，奇怪的事情發生了。

原本透過倫敦的蘇格蘭業務不斷湧入的訂單忽然乾涸了。不是溫和地下滑，比較像是水龍頭突然被關起來。本來廠內全力動工，現在坐看機械放在那裡不動。我寫了一封又一封的信，首先詢問他是否還好，接著給予鼓勵的言詞，最後手頭愈來愈緊的我已經慌了，要求他立刻回到工作崗位，同時威脅要終止合作關係。所有的信件都如石沉大海，沒有回音。

也許他去度假沒有告知我們，也許他找到新的工作，也許他病了。那是一九五九年，我們沒有電話號碼或是其他直接聯

繫的方式。我能做的就是期盼某一封信能喚回失去的訂單，並且同時徵募新的業務，以防萬一。

幾週之後，一封信出現在我的書桌上。來信者是一位住在倫敦的女士，她問我是否有尚未付給泰勒先生的傭金。信裡說泰勒先生還欠她幾個星期的房租，而她擔心傭金會直接寄給泰瑞先生仍居住在蘇格蘭的妻子。信裡接著說，泰勒先生在幾個星期之前死於一場車禍。

我讀不下去了。我知道泰勒先生的生活一定有了什麼改變，但怎麼會死了？關於這個傑出的業務為何突然音訊全無，我設想了好多種原因，但死亡從來不曾閃過我的腦海。原先似乎是不可能的事，但現在白紙黑字寫在信上。

我原本已經做出泰勒先生拋棄我們的結論。因為泰勒先生的消失影響生意起步，這幾週的我又煩又怒、心灰意冷，然而現在卻被罪惡感吞噬。我們終究會生存下去，但對於泰勒先生與他的家人來說，這就是句點了。

我們決定不找新人頂上南部業務的位置，因為訂單數量突然大幅上升，尤其來自當地的體育俱樂部。比起把產品賣到遠方，當地的供給與運送便宜多了。所以在這個經濟拮据的草創階段，把增加資產擺在地理擴張之前會是比較合理的選擇

除了跑步俱樂部對我們感興趣之外，當地的體育用品店也開始注意到我們的存在，尤其是那些為學校提供折扣的商家。我們打造出的平價跑步釘鞋大受歡迎，為公司的生產線打了一

劑強心針。

　　那款跑鞋雖然便宜，但設計卻絕不基本。我們用在低價鞋款的皮革通常是鉻鞣革（以鉻粉鞣製而成的皮革），只有遇到比較高價的鞋款才會用上植鞣革，那需要以橡樹皮進行比較昂貴的製程。然而這款特價鞋用的卻是後者，我們透過一種新奇的方式來獲取皮革，讓我們設法在使用植鞣革的同時壓低生產成本。

　　我們沒有像平常一樣跟製革廠訂購皮革，而是從汽車座椅製造廠購得皮革的邊料。顏色選擇不多，大多是紅色、鵝蛋藍以及淡米白色，但那些皮革柔軟又耐用，而且在最需要精打細算的時候為我們省了一大筆。

| 8 |

遇到對的人

　　跟預期的一樣，比爾在一九六〇年的冬天死於酒精相關疾病。他跟父親直到最後都水火不容。這樣的結局很悲哀，但卻是意料之中也顯而易見的事。我們內心深處都知道比爾會早早離世，而福斯特公司也會跟著一起消失。

　　父親成為 J. W. Foster & Sons 的唯一老闆，接收了比爾手工鞋那端剩下的兩名員工。他們負責手工製作的 DeLuxe 鞋款還是要送到美國的法蘭克‧萊恩教練那裡，但這兩名員工在比爾過世後不久都離開福斯特，然後，什麼都不剩了。

　　換作年輕的時候，父親會自己親手製作那款鞋，他會保住那張合約，同時招募新的員工。但歷經多年的仇恨敵意加上意興闌珊，如今他的心已經不在公司，往美國的外銷就這樣停止了。

　　從奧運的榮光時期發跡的 J. W. Foster & Sons 現在只剩空殼，而五十好幾的父親也沒有打算東山再起。對於這間祖父在世紀之交建立、擁有悠久歷史的公司，父親已經沒有拯救的活

力與念頭。

他依然對我的叛逃忿忿不平，把公司的衰亡怪到我頭上。我跟傑夫的出走也許是催化劑，但公司早就直線向下沉淪。看著公司倒閉很悲哀，但卻是預料之內的事。祖父投入的所有努力、運動鞋款首選廠牌的名譽、真心熱愛福斯特鞋款的奧運奪牌選手們、幾乎壟斷英國所有足球與橄欖球俱樂部的供貨，全都終結於令人失望的無感與仇恨。

父親知道除了關門大吉之外別無選擇，但最後一刻的迴光返照讓當地的理事會拋出一條救生索，對福斯特工廠發出強制購買令。這份收益足以讓父親在附近買下一間體育用品店，他接著經營這間店鋪好幾年。

在 Olympic Works 工廠拆除之前，父親讓傑夫拿走所有拿得走的機器。倫敦業務神秘消失之後，我們的生產狀況仍是斷斷續續，當下實在不需要太多機器。然而，若能把父親那台巨大的鞋底油壓機搬來，我們就不用另外花錢向當地元件供應商購買。

十二月某個霧濛濛的週三早晨，博爾頓街上一輛卡車的喇叭聲把我叫醒。睡眼惺忪的我打開庭院大門，卡車勉強駛入，剎車因為乘載著一台超大的機器嘶嘶作響，感覺非常吃力。

傑夫也來到庭院跟我和駕駛一起搔著頭，思考如何把那台機器從車上卸下來。駕駛原本以為工廠應該會有必要的卸載機具，所以我祭出幾週前在出清拍賣上買的組合滑車，約莫一個

小時之後，我們終於成功把油壓機從卡車上卸下來。

當我們盯著庭院中間這台鋼鐵巨獸，想當然耳，這種時候總會偏偏下起雨來，而且很大。我們不得不立刻把它搬到合適的位置，問題是合適的位置在二樓的工作室，必須先經過快要散架的樓梯才能抵達那裡。終於，在我們跟這台巨獸溺斃於傾盆大雨之前，我、傑夫跟年輕學徒大衛使出吃奶的力氣，設法用繩子與鐵撬把它運到樓梯上頭。

我們試圖運用槓桿原理在二樓搬動機器，無奈鐵撬直接穿透地板，弄得我們滿身灰塵跟碎屑。最後利用臨時拼湊成的推車，我們總算把油壓機搬到屬於它的位置。我們三人後退幾步欣賞這台美麗的機器，雖然花了整整半天才搞定，但我們知道這台油壓機即將幫公司省下的錢不會讓我們方才流下的汗水與脫口的髒話白費。

在我跟傑夫操作油壓機的同時，我們需要一名幫手把鞋面版型放在皮革上，用尖銳的刀子切割出鞋面。在《伯里時報》刊出徵才廣告之後，應徵信如雪片飛來。一名應徵者脫穎而出，他不只適合，外表也很突出。

諾曼‧班恩斯（Norman Barnes）的身高遠遠超過我跟傑夫，還瘦得像根竹竿。他說出口的話不多，但聽進去的很多。我的直覺告訴我，這個人可靠又勤勞。對於我們第一個全職員工來說，這是兩項必要的特質。事實證明我的直覺正確，諾曼在往後的工作生涯裡一直是工廠的支柱。

諾曼行事老派，每天至少提早二十分鐘上工，從來沒請過一次病假。沒過多久，他就得到有權操作那台巨大油壓機的「升遷」。諾曼很喜歡使用那台機器，尤其是因為那台機器對我們全體的影響力。每當諾曼發動機器要「打」鞋底，整面地板會先往下一沉，然後彈起，讓我、傑夫、大衛或是任何在場工作的人一同驚跳。我知道地板遲早會撐不住，總有一天整個二樓工作室會掉落到一樓，只能祈禱我們能在這種慘劇發生之前買得起比較輕的新型機器。

那個時期的鞋廠一間接著一間關門，因為生產線都被外包到遠東。雖然拍賣會是供過於求的買方市場，但是面對各式各樣的出清便宜貨，傑夫跟我還是沒有多少錢可以投資在設備上。幾乎每個月我都會收到拍賣會的型錄，因為又有某間鞋子公司破產清算。

多數拍賣會都辦在曾經風光的廠房，原本放滿機器的空間有了許多縫隙，像是缺牙的口腔，租來的機器都因為欠款而被收回。當這種事情發生再加上累積的債務，往往就會為工廠帶來難以挽回的結局。幸好我們的規模小，不適合租借新機器，反而在英國鞋業萎靡之際躲過了致命的負債。然而巨大油壓機弄垮工廠二樓的畫面開始讓我夜不成眠，再這樣下去可不行。

接下來幾個月，我出席了幾場拍賣會去評估拍賣機器與價格，但是無論價格多低，我們都買不起。

稍微培養出辨認真正划算商品的眼光，而且了解到所有機

器都超出預算之後，我以破盤價格購入一大堆製鞋材料，對此決定頗為滿意的我用牛皮與小牛皮塞爆我的福特廂型車。

我帶著微笑驅車返回伯里，後方的車輪拱罩被壓到變形，幾乎要碰到輪胎。即便把租車的錢算進去，這堆超低價購入的原料還是可以讓我們忙上好幾個月，同時增加每一雙鞋的利潤。可惜，我臉上的笑容沒能維持太久。

在距離工廠幾英里之處，一位警察將我攔下，指了指路邊的地磅。當我把車開進待測區，他用筆敲車窗，示意要我把車窗轉下來。我轉開車窗，他把頭探近來。

「先生，載很重哦？」

我從後照鏡看了一眼塞爆的皮革，故作不在意地說：「就只是一些皮革而已。」

「當廂型車看起來好像要做翹孤輪的特技，代表你載的量已經太超過。請你排隊把車開過地磅。」

想也知道，我的車超重許多，因此吃了罰單。這讓原本低價購入的原料瞬間變成價格過高的存貨，虧我還在那邊沾沾自喜。

下一場拍賣會，我坐在一個安靜矮小、打著領結的男人旁邊。每次推出新的拍賣品，他就像走進冰淇淋店的孩子一樣綻開笑容。他老練的外表與童稚歡欣的矛盾搭配吸引了我的興趣。我們聊了幾句，他介紹自己叫約翰·威利·強森（John Willie Johnson），是附近貝克普（Bacup）的鞋子與涼鞋廠商

E. Suttons 的老闆。

聽了上述的超重事件，約翰被逗得發笑，大方地說要請手下員工幫我運送購入的拍賣品。他也提議之後跟我一起前往拍賣會來節省旅費開支，我自願接送，但他看到我的廂型車之後堅持用他自己的車。

我在後來的拍賣會上注意到約翰只會對某些拍賣品出價，但是當一堆雜七雜八的品項被打包成一項「拍賣品」而現場無人出價的時候，拍賣官會看向約翰，然後約翰也會盡責地出價，像吸塵器一樣清掉拍賣會上剩餘的零碎物件。

回程的車上，我問他：「為什麼要這麼做呢？」

他微笑回答：「我帶你去看。」

我們改變路線前往他在一間老舊棉花廠裡設置的四層樓工廠。約翰帶我參觀每一層樓，以名字而非姓氏介紹每個員工給我認識，並且確保沒漏掉任何一位。

我們穿越鋪著鵝卵石的庭院，進入四處延展的一樓建築。長長的貨架被他買回來的「拍賣品」壓得彎曲。我像劉姥姥進大觀園一樣，走過一排又一排的機器。我掀起蓋子，窺看髒黑的桶子，在一堆尚未歸類的五金用具裡翻找。然後在一隻等身大的熊玩偶與一尾等身大的鱷魚玩偶中間找到一台「敲打機」，正符合水星運動鞋廠的需要。除了單車鞋之外，我們正在製造橄欖球鞋，而這台機器可以用來打平橄欖鞋面上的凸起之處。

我問：「這台要賣多少錢？」

約翰回答：「這是不賣的。」

我困惑地問：「那我可以用租的嗎？」

「也不行。」

我的臉垮了。

約翰把手放到我的肩上，笑著說：「你就直接拿去用，用完了再還我就好。」

幾個月之後，約翰跟我說他購入一台新型的鞋底油壓機，我可以肯定他就是為了借我而買。把那台老舊巨獸更換為比較輕的新型裝置之後，終於可以停止工廠樓面倒塌的惡夢。雖然我們的工廠仍需要許多大改造，但是看著這些借來的機器，感覺我們在離開福斯特的古老陰影之後已經走了很遠很遠。

在拍賣會上遇見的陌生人竟然如此慷慨，著實令我吃驚。這一路上，尤其在起步階段，若非有約翰·威利·強森的大方支持和其他同樣善良的貴人們，我的事業絕對無法衝上後來達到的非凡高度。他們在我最需要的時候給予協助與支持，而且往往免費，帶來的助益實在很大。除了運勢與時機之外，中等成就與巨大成功之間的差別就在於有沒有遇到對的人。在我們征服全球的旅途之中，約翰和尚未向你們介紹的德瑞克·沙克爾頓（Derek Shackleton），以及保羅·費爾曼（Paul Fireman）都是不可或缺的關鍵角色。

|9|

改名換姓

那是一九六〇年的夏季，搖擺的六〇年代之初，文化變遷的時代。一九五〇年代的經濟狀況點燃了人民的希望，一九六〇年代的圖騰主義則有如洪水讓大家深信全世界的一切都好了。英國人似乎感染了哈羅德・麥米倫（Harold Macmillan）的樂觀主義，他在三年前的演講上說「大部分的人未曾有過這麼好的日子」。科技革命展開，失業率下降，工業輸出上升，徵兵制度也結束了。而父母們以及剛成團的披頭四鼓勵青少年出門玩樂，享受自由。

我跟琴也在那年夏天成了父母。琴在七月三日臨盆。那天我將她攙扶到那輛老廂型車上，飆車到伯里綜合醫院。醫護人員把她帶走，叫我回家等電話。這在當時是標準程序，大家認為父親在醫院處理妊娠最後階段的時候只會礙手礙腳。

隔天早晨，辦公室電話另一頭的聲音告訴我，琴生下一個女兒。那天是七月四日，剛好是獨立紀念日，美國歡慶擺脫英

國統治的日子。美國人不會知道有一個英國商人正準備再次征
服他們的國家。

　　我感覺自己完整了，盡了身為人夫的義務，建立了一個家
庭，成功滿足升格人父的期待。傑夫跟大衛在午餐時間陪我去
Lord Nelson 酒吧慶祝，拋棄了往常的三明治與馬克杯裝的
茶，在回去工作之前好好喝一杯。

　　醫院不允許探視，所以我要一週後才能見到我的寶貝女
兒。當見面時刻到來，我緊張得不知所措，尤其是當我把這麼
小的嬰兒抱出醫院的時候。我的內心湧起一陣責任感，這是我
必須一輩子扛起的擔子。

　　走進停車場，我的步伐慢到幾乎停下。我突然明白自己是
懷裡這個嬰兒的父親，我要保護她、扶養她、拯救她。我準備
好了嗎？之後會準備好嗎？**有可能**準備好嗎？載著琴與我們的
寶貝回工廠的路上，這份焦慮跟其他種種念頭在我腦袋打轉。
那是我開過最慢的一趟車。看著琴懷裡的寶貝女兒睡著，我知
道對當時的我來說，所謂的成功不只是達到自己的目標，同等
重要的是為我這個漂亮的寶貝女兒提供安全而穩定的未來。

　　我的另外一個孩子「水星」在度過顛簸的嬰兒時期之後，
也漸漸達到某種程度的穩定。至少它成了本地運動員和零售商
信任的運動鞋品牌，更重要的是，他們想要水星的商品。雖然
離賺大錢還很遠，但我們確實走在通往小康的路上。隨著訂單
不斷湧入，我們顯然已經不在倒閉邊緣搖搖欲墜，而且感覺是

正在起飛。

　　傑夫也在前一年的年中結婚，而且維持福斯特家族名字以 J 開頭的傳統，他也娶了一個名叫琴的女子。跟我和我的琴一樣，傑夫和他的琴也還沒有錢買房子，於是搬進工廠二樓的一個房間，必須跟我、琴以及我們的寶貝女兒凱（Kay）共用衛浴。好在我們兩家處得還可以。但共用一個地址確實帶來了一些問題，因為有兩對福斯特先生與福斯特太太，兩個縮寫是 J. W. 的人，還有兩個琴・福斯特。所以每天早上分配郵件的時候多少有點混亂。

　　待傑夫、我以及兩位琴建立了適合大家的浴廁輪用次序，水星工廠裡的氣氛也愈來愈宜人。公司的會計師注意到營業額與收益的穩定成長，於是強烈建議我們成為有限公司，並且為「水星」註冊品牌名稱，避免未來的法律糾紛。

　　幾天之後，我坐在 Wilson Gunn & Ellis 專利事務所裡，望著窗外陽光下的曼徹斯特市中心天際線，做著白日夢神遊。艾利斯先生（Mr Ellis）正一絲不苟地解釋著專利註冊的詳情。

　　「……而『水星』已經被 British Shoe Corporation 的分公司 Lotus and Delta 註冊了。」

　　我把注意力轉回他身上。「你說什麼？」

　　他冷靜地說：「水星這個商標已經被註冊了。」

　　「哦。」

他重複我的回應：「哦。」

「所以我該怎麼做？」

「你有兩個選擇。你可以向 British Shoe Corporation 購買這個品牌名稱，或是訴請他們放棄這個商標。畢竟他們自稱 Lotus and Delta，而不是水星。」

我問：「這樣要花多少錢？」

「兩種方式都大概需要一千英鎊。」

我感覺到臉上頓失血色。「一千英鎊！有第三個選擇嗎？」

「那就改名啊。」他輕率地說，彷彿我們花了兩年為水星這個品牌灌注的心力與建立的名聲無關緊要。他顯然很懂專利法規，但這個冷漠的辦事人員根本不知道現實世界裡的商業運作。他接著補充：「挑一個捏造出來的名字，某個沒有人會想到的詞彙。像是那個。」他指著窗外一棟紅磚高樓牆面的廣告。「柯達（Kodak）。這個字沒有任何意思，但很好記。下次列出十個類似這樣的名字，我們再來看看有哪些尚未被人註冊。」

我離開事務所，像顆洩了氣的皮球。我們怎麼能就這樣改名？這會讓消費者困惑，甚至會讓我們失去原本的顧客群，而且經銷商也會反對。但似乎沒有別的選擇，我們沒有多餘的一**百英鎊**可以花，何況是一千英鎊！

回到工廠的我沒有進入工作室，而是直接走進一樓的起居室。我打開一瓶啤酒，環顧房間找尋取名的靈感——伊萊克斯

（Electrolux）、胡佛（Hoover）……沒什麼幫助。

沒有任何意思的品牌名稱當然很好……但那是在成名之後，馬後炮可以把任何品牌名稱說成從天而降的行銷靈感。但一開始，我們的品牌名稱必須跟提供的產品有某種程度的關聯，那個名稱必須能夠代表某個東西，能夠在人們心中勾勒出……什麼呢？獲勝？跑步的速度？踩單車的速度？啊啊啊。怎麼會這麼難？只不過是一個名字而已。一個字彙。想出一個字彙吧。捏造一個字彙吧。

我把視野所及的所有物品名稱的第一個字母挑出來。爐子是 O，沙發是 S，瓶子是 B，扶手椅是 A……排列組合一下：Osba、Sabo、Osab、Baso。都是垃圾，爛透了。柯達到底是怎麼捏造出 Kodak 這個字啊？然後，我想到可以拿喬跟傑夫兩個名字的英文字母來排列看看，但除了 Joff 跟 Jeffo 之外沒能給我什麼點子。這樣搞沒有用。

我跌坐在扶手椅上，從書架上的十多本書中隨手抓取一本。我笑了，手上的《韋氏最新校園與辦公室字典》（*Webster's New School and Office Dictionary*）是我七歲時在某個賽事上假裝感恩地收下的獎品。我快速翻動書本，讓頁面掠過手指，然後隨機停下，用食指順著其中一欄滑下……clum、clumber spaniel、clump——天啊，這什麼鬼東西！我翻到另一頁……mamushi……我反覆唸這個字，然後把目光從字典移開。這個字頗為琅琅上口，念起來感覺也不錯……但人們會以為這是日

文。食指繼續向下滑……mamzer，饒了我吧。我灌了一大口啤酒，又翻到另一頁……redwood、redye、ree。

我的指頭停在下一個字，它跟運動鞋似乎隱約有點關聯，reebok：淺色的羚羊。嗯，Reebok，短短的，很好記，容易發音。Reebok，感覺輕盈，而且快速而敏捷。Reebok。Reebok。Reebok。我喜歡這個名字。我把這個字寫下來，接著只要再找另外九個類似的就好……我繼續翻閱字典，寫下另外九個跟動物有關的候選者：Cheetah、Falcon、Cougar 等等諸如此類的字，然後發出一封信給曼徹斯特的艾利斯先生。

一個禮拜之後，我收到回信。十個名字之中只有一個尚未被註冊，就是 Reebok。但是（事關艾利斯先生，似乎總有個「但是」）有兩個因為相似而可能產生的衝突。某個女性內衣廠商註冊了 Rebow，而大型男士襯衫廠牌 Tootils 則註冊了 Raelbrook。

該死，我已經漸漸習慣 Reebok 這個名字了。它代表了我們需要的一切，而雖然我另外提供了九個選項，其實早在心裡認定這一個。我不知道要花多少錢才能避免對簿公堂。

幸運的是，不用額外多花一筆。當我在幾週之後再次造訪專利事務所，艾利斯先生說他不認為 Rebow 那頭會有什麼意見，至於 Raelbrook，他的事務所剛好跟 Tootils 有合作關係，方便得很。他告訴他們，根據他的專業見解，Raelbrook 跟 Reebok 兩個品牌名稱之間不會有誤會。Reebok 這個名字是我

們的了。附帶一提，如果我當初贏到的是一本英國字典，我們的公司名稱就會拼成 Rhebok。

想當然耳，艾利斯先生又給了我一個「但是」。

「但是，這個註冊的效力只涵蓋英國，倘若你未來打算在別的國家做生意，就必須在海外地區保護這個商標。」

「很好，那就這麼做吧。」

艾利斯先生稍作停頓，然後回答：「好，但會很貴哦。」

「很貴？」

「非常貴。但是若真的有衝突發生，會比打註冊商標的官司便宜。如果你的公司在國際上成功（我有注意到他在「如果」二字上加重語調），而你的商標未受保護，可能就要面對一場惡鬥。」

我考慮片刻。我們目前沒在海外做生意，但這確實是我的意圖，只要有足夠的資源。倘若我們不能把鞋子賣到國外，就不能說比福斯特好上多少。

我決定了：「好，那我要在歐洲、美國跟日本註冊。」這不單單是關於註冊需求的聲明——這是進軍國際的公開表態。我說出口了。以宣言來說，這句話很大膽。然而，眼前竟有更戲劇性的消息。

| 10 |

挑戰

　　我完全明白自己的野心有多遠大，但天真的我未能完全掌握訂下那樣的目標所需要的代價。在其他國家註冊品牌的價位是天文數字，或者應該說對我而言是天文數字。我只是個鞋匠，銀行裡的錢只夠繳帳單、維修設備，還有讓史塔波先生不要來煩我，至少暫時是如此。

　　Wilson Gunn & Ellis 專利事務所於焉成為我們公司最大的債務來源，他們也連續寄了好幾封信來提醒。我在回信中提議以遠期支票付款，然後以為這樣就搞定了。事實上並沒有，但他們沒有立即回應，代表這件事會跟快要炸開的檔案櫃裡的其他事情一樣被我拋諸腦後。

　　生活很棒。兄弟兩人在事業上站穩腳步，成為合作無間的團隊。傑夫從皮革上割出鞋面，喬伊絲再將它們縫合在一起，然後我會拉緊皮革定型，準備好即將被組裝的鞋底——先用補胎膠，再用機器縫。我們的學徒大衛擔任游擊隊員，哪裡需要

幫忙就去哪裡；兩個琴則負責接電話以及處理文件。這感覺起來像個真正的家族事業，我想早期的福斯特也有同樣的精神，當父親與比爾仍在祖父手下工作的時候。

　　單車鞋與跑鞋的訂單穩定成長，這讓我們很容易就跟父親與比爾一樣，滿足於這種相對無壓力的營運。生意賺來的錢足以支持我們目前的簡單生活。我想現狀對傑夫來說很有吸引力，他沒有太大的野心，也比較少驅策自己的動力。但我必須看看我們的公司能做到什麼程度。我知道養家活口是我的職責，但我想要的不只是一份工資、一個安穩的生活跟一條簡單的道路。我想要挑戰，對手不只是當地公司，還包括國際品牌。我想要向自己證明我可以贏。

　　當時的我們還差得遠，但感覺起來已經踏上正確的路。我總是滔滔不絕地跟琴談論這些，一方面是要得到她的支持，另一方面是因為愈說出口，未來的可能性似乎愈真實。打從起床睜眼的那一刻，我的心思就聚焦於如何比昨天賣出更多鞋。早餐時間就是我腦袋裡的董事會議。

※　　※　　※

　　琴把盛著煎蛋與培根的盤子放在我的膝上，再把一杯茶以及捲起來的乳白色亞麻餐巾擺在沙發旁的茶几上。這就是我們每天早餐的例行公事，其實應該說每一餐的安排都大致如此。儘管琴再三提醒，我還是沒有購入一張二手餐桌。最新的（也

很有用的）藉口是房裡已經沒有多餘的空間了，畢竟要擺放嬰兒車、嬰兒床，以及如此小隻的人類生活所需的種種大設備。琴在兩人座沙發的另一個位置坐下，用冒著熱氣的杯子暖手。

「你看起來很開心。」

我微笑地說：「找不到有什麼可以抱怨的。」早晨的太陽讓小廚房沐浴在柔和的光線之中，打亮二手的爐子與冰箱，讓它們看起來像是猜謎節目的獎品。這些物品微不足道，但確實是我們所擁有的。就像我們在冰冷工廠裡的這方小住處，雖然不是宮殿，卻是屬於我們成功的搖籃。我知道 Reebok 注定要進軍海外市場，但對於該怎麼做仍沒有頭緒。比爾當初簽下耶魯大學的合約說起來有些僥倖，所以我不知道該如何複製。我還沒辦法勾勒成功，還沒辦法在心中畫出圖像。我只知道成功就要來了，能感受到期待與興奮之情都在升高。

我聽到信箱打開的聲響，接著一堆信封落在前廳的地板上。琴將它們拾起，坐回沙發，遞了一疊信給我。我把早餐的盤子放在扶手上，用餐巾紙擦拭嘴巴，然後開始拆信。打字的是平常會有的那些通知與帳單，手寫的則是來自顧客的意見與申訴。我把那些交還給琴。開到第五封信的時候，我愣了一下，重新讀一遍。然後，又重新讀一遍。色彩從我臉上褪去，從整個房間褪去。我唯一能看見的就是白紙上的黑色文字，最突出的幾個字母拼出了「停業呈請」這個詞語。Wilson Gunn & Ellis 專利事務要把 Reebok 給關了，就用這樣一張紙，就這麼簡單。

「親愛的，怎麼了嗎？」琴能看出我眼裡的恐慌

我沒有辦法對她說出這個詞彙。那不過是某個不知名的秘書在打字機上打出來的，那個人完全不會知道她用墨水打印出來的這幾個字母排列將會如何毀掉一個人的早晨，或甚至是一個人的前程

琴用手搭著我的前臂。「壞消息嗎？」

我意識到她的夢想與希望都寄託在我身上，不想要讓她擔心。我知道如果她擔心，就會**讓我**更擔心，造成惡性循環。她會觸及我們一直以來避而不談的事：儘管生意緩慢成長，但我其實都在自欺欺人。我遲早會被揭穿，而一切都會分崩離析。說來就來，簡單的白紙黑字，輕描淡寫，就在一個再普通不過的週四早晨。

我起身時感到一陣反胃

琴的目光直視我的臉。「你沒把蛋吃完。」

我不敢跟她眼神交會。

「到底怎麼了？」她也站起來

「沒什麼，我會處理。」我從門後拿起外套，趕到對街的會計師事務所。

才早上八點半，門還鎖著。我沒辦法回工廠，沒辦法回去面對琴，她可能會從我的神情察覺事情的嚴重性。於是我走進街角的一間咖啡廳，點了一杯咖啡，然後反覆閱讀那封信。終於，透過起霧的窗戶，我看見會計師事務所的燈亮起。

我猛敲門，我的會計師彼得（Peter）花了好些時間才來應門。個性沉默寡言的彼得透過門上的孔向外望，驚訝的神情被門孔玻璃放大，看起來有點像卡通人物。

「這跟我想的一樣嗎？」我把信塞給他。

他快速地看了看信紙，把頭抬起。「哦，天啊。這不太妙。」他把門打開讓我進去，示意我在辦公桌前的椅子坐下。

我跌坐在椅上。「彼得，我知道這不妙，我不需要你來告訴我。我要你告訴我怎麼阻止這發生。」話一說出口，我馬上覺得不該話中帶刺。彼得是個好人，他害羞內向，但總是很有幫助。

「你必須指派一個人當代表，擔任你的律師。若不反抗很快就會沒戲唱，他們會關掉 Reebok，賣掉你所有的資產來抵償債務。」

我整個人陷進椅子裡。我現在最不需要的就是在品牌註冊的開銷之外再加上律師費。事實上，這樣講也不對。我**真正最不需要**的是公司被強制關閉。「你有推薦什麼……比較便宜的人選嗎？」

「你需要的不是便宜，你需要的是曼徹斯特的德瑞克·沃勒（Derek Waller）。」彼得回答：「他的收費偏高，但他絕對是你要找的人。他最近才在一樁很難打的官司中跟我們槓上，結果全身而退。不知道施了什麼魔法，總之他真的很有一套。」

我像遊魂般走回工廠，試著把心思從即將來臨的法律戰爭

與隨之而來的開支上移開，聚焦於今天應該完成的任務。但我
必須先跟可能拯救我們公司的這位仁兄約時間見面。

※　※　※

我不確定紅木辦公桌另一頭的圓胖男子是不是睡著了。他
的眼睛半開半閉，雙下巴的肥肉把眼角拉低。他的嘴巴微微嘟
起，彷彿定格在吸到酸甜滋味的表情。

我看著他身後高至天花板的書架，上面一排排都是皮革封
面的法律期刊。然後我瞇眼細看右邊牆上裱框的文件，那些都
是智慧財產權律師德瑞克·沃勒得到的證書、文憑以及獎項。

「好。」德瑞克突然甦醒。

我把目光轉回他臉上。「所以你還醒著就對了！」畢竟聽
我解說完眼前的困境，等了整整三分鐘他才開口。

「在沉思啊，福斯特先生，我在沉思。有很多事情要衡量。」

我問：「那我們會贏嗎？」

「我相信我們會得到滿意的結果。」

「像是？」

他又離線了，在沉默中思索答案。他是個奇怪的人，我摸
不透他，但我猜這是致勝策略的一部分。就像一個非正統的西
洋棋高手，無法預測，但早已謀定接下來的六步棋路。我起身
準備離開，等待德瑞克站起來送客，但他沒有。於是我悄然走
出辦公室。只有時間能夠證明他對 Reebok 有多大助益。

｜11｜

路上的日子

　　跟傑夫一起打造水星的時候，我們知道要跟別人不一樣，而我們也確實不一樣。當時除了足球鞋廠之外，英國有太多專門生產運動鞋的公司。這是一個可以被壟斷的市場，我們唯一需要做的就是擴大觸及範圍，入駐更多體育用品店。

　　為了把產品放進更多商家，我們聯繫了幾個自由接案的銷售業務員。其中一位是道格・布萊克（Doug Black），他為我們打開曼徹斯教堂街上的那間露營、登山以及滑雪店鋪的大門。那間店的老闆是鮑勃與愛利斯・布萊根兄弟（Bob and Ellis Brigham）。Reebok 做的是運動鞋，而布萊根的店賣的是戶外用品而非體育用品。然而，當鮑勃・布萊根知道我們公司就位在附近的伯里，他詢問布萊克 Reebok 有沒有興趣為他們特製一雙登山靴。他想要為店裡引進一雙能在岩石表面有抓地力的輕量登山靴，能夠跟一間法國公司所做的高價相似款競爭的產品。當時全英國只有一間公司生產登山靴：Hawkins。鮑

勃本來已經打算致電 Hawkins，結果聽到道格提及我們是一間本地公司，而這剛好是鮑勃‧布萊根熱切想要支持的事。

FEB 攀岩登山靴於是就這麼誕生了。鮑勃對這款產品的設計、品質和製造速度都頗為滿意，開啟了雙方長久而且有利的友好關係。這也再次證實，在對的時機處在對的地方對商業成功而言至為重要，雖然你不會知道什麼是對的時機，或是當對的時機到來時應該身處何地。以這次合作來說，運氣應該是更好的解釋方式。

許多我們的業務在一九六〇年代早期接洽的商業區體育用品店都是退休足球員開的。那個年代足球員的薪資最高是一週二十英鎊，等到他們在三十幾或四十幾歲高掛球鞋，存款通常不多，必須設法謀生。其中比較有腦袋的幾個球員發現，雖然自己在球場上的才能已近黃昏，但是仍能透過知名度獲利，於是他們用自己的名字開設體育用品店，從足球鞋到撞球桿專用的巧克什麼都能賣。

在這種潮流的巔峰之時，幾乎每個城鎮都有三到四家這樣的體育用品店，而我們必須讓 Reebok 進駐這些店面，為此我們有必要擴編銷售團隊。然而就在最需要提升銷售力的時候，我們卻失去了兩個自由接案的業務員。一個是來自黑潭（Blackpool）的國際級運動員，他為了尋求更好的跑步機會而搬到倫敦。另一個則是決定改行，到紹斯波特（Southport）開一間自己的體育用品店。

　　若要將拓展範圍擴至全國，我估計需要四到五名業務，但我們絕對付不起薪水。而且因為 Reebok 在英國西北部之外仍默默無名，實在很難說服優秀的業務以純收傭金的方式來為我們工作。

　　只有一個解決辦法，那是我在福斯特為父親工作時就一直試圖說服他讓我做的事：我必須自己上路盡可能造訪國內各處。在此同時，傑夫負責留守工廠。

　　要負擔往返英國各地的旅費，外加現在家裡又多了一個孩子要養，我認為最謹慎的做法就是同時以純收傭金的形式擔任另外兩間公司的業務。這樣一來，至少我就有三個可能的收入來源。雇用我的一間公司是 Fairbrother，位於倫敦，專門製造飛鏢、卡牌遊戲以及骨牌。另一間是 Louis Hoffman，專門設計與生產女子網球服。

　　這個新角色代表我一週有三到四天要出門拜訪體育用品店，剩下的兩到三天則待在 Reebok 的辦公室裡工作。長時間離開琴跟凱對我來說很難熬，但我確信這些努力終將有所回報。

　　上門拜訪的經驗讓我洞悉了體育用品店的獲利之道。當商店老闆還在服務顧客的時候，我沒辦法跟他們交談，於是在店裡到處觀察貨架上的服飾以及設備。幾乎每一間店裡佔據最多空間的都是同一項運動——足球，其他運動就只有幾款商品意思意思點綴一下。這些商業區的商家收益顯然仰賴足球、足球

用具、足球鞋以及足球用的護脛，其餘商品都是附屬的。雖然
Reebok 在橄欖球鞋款的生產上小有成功，但我們給予足球的
注意力遠遠算不上足夠。

　　我回想起福斯特，他們也錯失了如此顯而易見的機會。他
們入對了行業，卻選錯了運動。博爾頓漫遊者是一九二〇年代
最受矚目的球隊，福斯特幾乎為各個聯盟裡的諸多球隊提供訓
練鞋，卻沒有比賽用的足球鞋。既然在訓練鞋款上取得成功，
順勢為每一支球隊提供比賽鞋款應該相對簡單，但我們家族未
曾好好利用這樣的優勢。我不清楚原因，但這似乎浪費了很大
的好機會，也許是因為生產比賽用的鞋款會需要投資太多金錢
購買新的機器。

　　當時大多數的足球鞋都由厚厚的皮革鞋面與笨重的鞋底構
成，趾節後方有支撐用的綁帶，前方還有堅硬的鞋頭，最大的
重點是透過堅韌厚重的材質與設計來取得的保護力。祖父及父
親擁有的機器不適合用來打造足以應付二十世紀中期粗糙泥濘
球場的厚重足球鞋，福斯特的機器適用於跑鞋所需的速度與敏
捷。

　　直到 Adidas 在一九五四年的世界盃推出那款阿根廷足球
鞋，足球鞋設計的重點才漸漸由全面保護轉移到速度與敏捷，
增加彈性、減少重量。然而到了那個時候，其他品牌在足球領
域早已遠遠領先，福斯特就這樣失去了機會。

　　我想，倘若福斯特在正確的時機投資正確的機器，並利用

已存在的合作關係為多數的頂尖球隊提供足球鞋，那麼也許我現在就不用站在一排又一排的 Adidas、Puma、Bukta、Mitre、Dunlop 跟 Umbro 足球鞋旁邊，試著把 Reebok 的橄欖球鞋、單車鞋跟跑鞋賣給興趣缺缺的退休足球員

　　我們能提供的足球產品只有訓練鞋，而且就連這些都有點偏向跑鞋。造訪愈多商業區的體育用品店，我就愈常聽見：「既然有了 Adidas 跟 Dunlop 的訓練鞋，我們何必要 Reebok 的訓練鞋？」我唯一能夠賣出去的商品是飛鏢，而這既無法負擔我的旅費，也無法擴張我的公司。

　　非常令人心灰意冷，但最糟的是我也同意那些店老闆的說法。當知名品牌的產品為店裡賺進九成收入，為什麼要把寶貴的店面空間賭在默默無名的品牌上？這是我們錯過的市場，而且已經被壟斷了，繼續追求也是徒勞。

　　我必須忘記主流市場，把重點放回我們的專長，也是最讓我們為人所知的——田徑鞋。我還記得某次又遭到拒絕之後，我關上唐卡斯特（Doncaster）一家體育用品店的玻璃門，走進秋天的陽光之中，決定辭去 Fairbrother、Louis Hoffman 以及 Reebok 的業務員身分。該是回到工廠重整旗鼓的時候了。

　　我必須找到讓 Reebok 存在感最大化的辦法，而且要專攻跑步與田徑的商店，而不是主要依賴足球商品的綜合體育用品店。但是要怎麼做呢？我們已經進軍了少數幾間店，包括專業的跑步用品店 Sweatshop，它的老闆克里斯·布拉舍（Chris

Brasher）是幫助羅傑・班尼斯特在四分鐘內跑完一英里的定
速員之一。但數量遠遠不夠，我們勢必要進駐更多店面。為了
達到這個目的，我們必須創造需求，但不是來自店老闆，我們
得先後退一步在全國的跑者與運動員身上創造出巨大的需求。

我們沒有全球行銷的預算，事實上，我們沒有分**任何**行銷
預算。所以無論我想出什麼解決方法，都必須花費很少或是完
全免費。這是一大挑戰，但我把找出行銷解方當作第一優先事
項。

然而，生意就是這樣，優先順序總是說變就變。傑夫要我
別忘了停業呈請的官司。怎麼可能忘記呢？這件事一直盤據在
我的心上，旅途中也不例外，但我決定不浪費時間枯等結果，
因為我沒有這份餘裕。我不得不先假定我們會贏，然後照常上
工。我忘記了的是審判的日期——就在明天。倘若結局不如我
們所願，就不需要繼續尋找完美同時免費的行銷策略了。反正
到時也沒生意可做了。

隔天下午，我坐在辦公桌前焦慮地在椅子上轉來轉去。琴
站在我旁邊，讓凱在手臂上爬高爬低。傑夫坐在我對面。我不
知道讓他臉色發白的是日光燈，還是即將宣布的法庭判決。他
的琴靠在黑色的檔案櫃前，雙臂在胸前交疊。

「放心，會順利的。」我站起來把手放在琴的手臂上，試
圖安撫她。她報以微笑，但感覺很勉強。

「我們請的律師很厲害。」我盡可能鼓起所有殘存的樂觀

繼續說：「我有百分百的信心。」其他人不發一語。我坐回椅子上，大家繼續盯著電話看。

等待法院判決的四週時間在生理跟心理上都帶來了傷害。我多次設想一個場景，我在其中親口跟琴說一切都完了。因為設想了太多次，以至於我幾乎分不清那是想像還是一段真實的記憶。我也瘦了，大概掉了五公斤。我光是想到食物就反胃，作為業務員到處拜訪的期間，我常常一整天什麼都沒吃，內心深處難以擺脫的恐懼完全壓過需要進食的身體本能。

突然，尖銳的電話鈴聲讓所有人嚇了一跳。「喂？」是德瑞克·沃勒打來的，我跟傑夫點頭示意。他跟兩個琴都把身體靠過來，期待好消息。德瑞克很愛閒聊。三雙眼睛緊盯著我，找尋任何一絲表情透漏出的線索。我用力握著聽筒，緊貼耳朵，不敢呼吸。一分鐘之後，我打斷德瑞克的閒談。「所以，判決是？」他再次開口，我的眼睛望向天花板，大聲吐了一口氣。我用手把話筒遮住，跟在場的所有人說：「停業呈請被撤銷了。」傑夫跳起來揮舞拳頭，好像剛剛拿下環法自行車賽冠軍。兩個琴相擁。我們安全了。

縱使德瑞克成功讓停業呈請失效，我們當然還是必須支付欠款。他跟 Wilson Gunn & Ellis 談成協議，結果雖不至於讓我們破產，但確實會讓公司的財務處境更加艱難。日常的開支依然存在，還有很多急需購入的材料與設備。更不用說我跟傑夫的妻子都持續施壓，想要找到比在年久失修的工廠裡兩家共

用衛浴的景況來得宜人的居住環境。但我們逃過一劫，至少現在還能繼續做生意，雖然開銷將比以往都多，其中還包括了可觀的律師費。德瑞克知道我們財務拮据，所以等了六個月左右才把帳單寄來，這個寬宏大量的貼心舉動鞏固了雙方未來多年的合作關係。

多數人可能會提議去餐廳吃頓美食或是去鄉間野餐去慶祝官司勝利，以此洗滌掛心那麼久的煩憂。但為了省錢，我提議帶琴去看三塔賽，也就是我們贊助的當地丘陵越野賽跑。我猜她一定愛死了這種慶祝方式，才怪。

在一個飄著雨的潮濕日子，我們看著俱樂部跑者從荷坎伯丘陵跑到荷坎伯塔，穿過沼澤地抵達達文塔，再穿過西彭寧丘陵抵達里文頓丘陵，最後沿著泥濘的陡坡衝向終點線。很難辨認領先的跑者是哪幾位，因為在他們艱苦通過泥塘與溝渠的過程中，鮮豔的俱樂部運動服已經滿是髒汙。

我對於當時所有的社交活動都只有部分的興趣和注意力，我的腦袋很少徹底關機，大腦的神經元總在試圖創造新的連結，以規畫出拓展並改善事業的藍圖。

那一天也不例外。我佔了一個好位置，全程盡可能讓琴開心，但沒有一刻停止思考該如何讓更多人幫忙把 Reebok 推銷至全國，該如何找到有熱忱卻又不求薪資的銷售業務。

就在這時，靈光乍現。原來答案就在眼前。每一個滿身汙泥的跑者都是潛在的業務員。他們都是業餘跑者，所以應該樂

於靠自己喜愛的運動賺點外快。若有足夠的誘因，每一個跑者都有可能延攬另一個跑者朋友加入。我又想，何必侷限於跑者呢？何不招攬跟跑步與跑步俱樂部有關的所有人員？

之後我聯絡了業餘田徑協會（Amateur Athletic Association）底下約莫五百間俱樂部的秘書，詢問俱樂部裡是否有人願意以抽傭金的形式擔任 Reebok 的業務。每做成一次買賣就能抽取百分之十五的傭金，而 Reebok 會負責處理包裝與郵寄。成效好得嚇人。幾個月內就有超過五十名業務在幫 Reebok 談訂單，而且人數每週都在增長。

接著，我再次聯絡第一輪沒有回覆的俱樂部，提供更多誘因：只要秘書能幫我找到一個業務，我就免費贈送一雙 Reebok 跑鞋。人數再增加一波。很快地，幾乎有一百個業務把 Reebok 掛在嘴邊，把鞋賣到自己所屬的俱樂部以及全國的田徑賽事。

這個策略很像祖父喬在一九八〇年代施展的那一套，當時他開始穿著自家的福斯特跑鞋贏得比賽，吸引了同伴與對手的注意。我只是把檔次向上提高了數級。

這似乎簡單過頭了，讓我不禁納悶為何其他運動鞋廠牌未曾想到這個戰術。

| 12 |

移地再戰

　　一九六三年為英國的文化身分認同帶來巨大改變，我們的生活也朝著好的方向變化。這一年有很多值得被記住的事件，最重要的也許是工黨領袖休‧蓋茨克（Hugh Gaitskell）的逝世，這似乎在老派價值觀的棺材板上打入最後一根釘子，確立了新的世界秩序。在這個世代的放縱革命之中，形形色色的夢想都值得追求。當「大冰凍」的積雪在春天消融，全新的英國跟全新的 Reebok 一同浮現。

　　公司在成長，福斯特家族也是。傑夫跟琴生下第一個孩子伊恩（Ian），但他們初為父母的經驗卻非一帆風順。伊恩的皮膚上常會出現紫色斑點，後續檢測診斷出他患有紫斑症，那是一種罕見的血液相關病症。這顯然是很需要擔心的事情，但就算傑夫對此有所牽掛，在工作時也鮮少表露。

　　家族又有新成員報到，代表兩家真的必須找到更理想的居住環境，總不能六個人繼續共用破敗工廠裡的兩床一衛小公

寓。兩家的家長應該都不希望用這種生活條件迎接第一個小孩，於是我們都搬出工廠回到博爾頓，在哈伍德買了大小適中的房子。

然而，我們還沒有閒錢可以揮霍在昂貴的車子上。傑夫買了一台二手的老捷豹，而我則在琴的驚愕之中再次購入破爛的廂型車，僅僅花了二十五英鎊就成交。這實在稱不上坐駕升級，但比起奢華舒適，實用性仍是我心中的首要考量。

搬到比較宜人的住處之後，也該考慮工廠的搬遷。博爾頓街的廠房條件已經容不下我們現在的規模，那年的嚴寒冬季成了壓垮駱駝的最後一根稻草，這麼冷的天氣之下幾乎無法為工廠供暖。鞋廠操作的機具都極端銳利，具有危險性，手指麻痺實在不是理想狀態。我們也需要添購新的設備，而目前廠房能用的那層樓地板已經快要承受不住現有設備的重量。

我想要待在伯里或至少在附近，距離製鞋產業的核心要近到可以受益於便利的供給，又要遠到不至於捲進隔壁鄰居不擇手段的商業割喉戰。我從未考慮遷址到其他地方，直到莫名其妙收到一份見面邀約。

還記得比爾跟美國的法蘭克・萊恩與鮑勃・金傑克之間的合約嗎？幾個月前我試圖讓這份出口協議復活。我重新打造了手工的 DeLuxe 鞋款，把它寄給耶魯大學的兩位教練。DeLuxe 的複製並非完美，但我覺得值得賭一把，也許有機會再次敲開出貨到美國的大門。我沒有抱持太大的期望，所以在幾個月後

收到回覆，令我大感訝異。他們竟然要我們把 Reebok 所有鞋款的樣品寄過去。

這件事情的後續發展是，法蘭克‧萊恩邀請我跟琴去愛爾蘭拜訪，他在那裡租下一座巨大的莊園宅邸，準備在都柏林（Dublin）南方的鄧萊里（Dun Laoghaire）度過夏季。

法蘭克開著一台招搖的凱迪拉克來機場接我們，那台車在愛爾蘭的小路上看起來完全格格不入。他在都柏林的餐廳外以典型的紐約風格停車，碰撞前後車輛直到擠出足以放進這台閃亮巨獸的空間。他幫我們開車門，結果車門大到擋住整條人行道，迫使行人們擠在一起。這個景象激起對街更多人的好奇心，他們默默往我們這裡走來，試圖一探究竟。沒過多久，圍觀的人群滿到路上形成真正阻礙交通的路障。當法蘭克、琴跟我努力穿過人群走進餐廳的時候，甚至有人把紙筆塞到我手上請我簽名。他們不知道我們是誰，所以自行假定是好萊塢明星來造訪。

午餐過後，我們開在鄉間小路，路面的寬度幾乎不夠凱迪拉克行駛，更別提有會車空間了，幸好一路都沒遇到對向來車。我們在法蘭克租的度假宅邸入口處停車，他下車指導我把這台巨獸開上長達半英里的車道。

隔天，法蘭克在我不知情的狀況下安排了我跟都柏林政府人員的會面，期間我竟然收到把工廠遷到愛爾蘭的邀約，還附贈包山包海的財務誘因與協助。但我拒絕了，所以法蘭克也拒

絕了我們的鞋款，或者說他從此再也沒有聯絡我，跟拒絕沒有兩樣。儘管如此，那趟旅途還是有很多值得記憶的原因，包括造訪塔拉遺址（Tara）。

回到英格蘭，我聯繫了拍賣會上認識的老朋友約翰·威利·強森，向他打聽廠房出售的相關消息。他知道伯里毛氈有限公司（Bury Felt Ltd.）有一間廠房要賣。當時的毛氈生意正在萎縮，因為地毯愈來愈傾向於使用橡膠襯墊。他們在伯里布萊特街上的一個單位就因為生產減量而關門大吉。

傑夫開著他的捷豹穿過四處延展的公營房屋區，我透過後座的車窗往外看。婦女們一邊晾衣服一邊隔著庭院籬笆閒話家常，孩子們在街上踢球，或是探看同為青少年的同伴們推的嬰兒車。一縷縷香菸的煙霧飄散在四月的空氣中，婦女們停下動作轉頭看著我們這台**高檔車**，在車子緩慢駛過時竊竊私語。

讓我對這座工廠有興趣的原因之一就是它的地點。周圍都是排屋還有其他廠房，緊鄰著這個公營房屋區，走路可達的距離之內就有充足的人力寶庫，這些條件讓這座工廠成了工業樞紐。這些人力或許曾經受雇於附近的帕克鞋廠（Parker's shoe factory），所以已經擁有製鞋的相關經驗。如果我們的工廠需要增加生產量能，這裡一定會有許多住戶想要趁機賺點外快。

整座工廠很大，對 Reebok 來說實在是太大了，但對方要出租的只有一樓，而且租金非常合理。開闊的工作空間足以容納新的裁斷機、入楦機，以及改善生產線所需的輸送帶系統。

我們在兩個月之內打造了俯瞰工作空間的架高辦公室，整體看來堪稱完美，而且或許最重要的是安裝了煤氣供暖系統。

身體力行協助我們搬遷工廠之後，約翰・威利・強森接著幫忙我們注意可以增進效率的機器。雖然都不是新的，但我們現在有了多數所需的設備。更幸運的是，這座布萊特街的工廠裡剛好有個單位由機械修理店承租，因此我們老舊生產線上有什麼機器壞了都能立刻處理，將維修成本跟設備不能運轉的時間減到最低。

往後幾年，銷售數字呈現持續增長。Reebok 的成長不快，但我們確實必須把人力從十人加倍為二十人，才能應付田徑鞋、越野鞋、路跑鞋以及橄欖球鞋系列的生產製造。

事業方面沒什麼好抱怨的。但私人生活方面，我哥與他的妻子愈來愈擔心他們的兒子。伊恩的紫斑症並未緩解，而他的醫生擔心等到他會走路的時候，瘀傷與大量出血的傾向會造成真正的威脅。醫生建議移除伊恩的脾臟，於是琴跟傑夫的兒子在一九六五年的二月入院，然後就沒有出來了。

那是一場悲劇，伊恩死於手術的併發症。琴跟傑夫過於悲痛，無法在事發後指認遺體的身分，於是我自願代替他們。

我敢說那是我當時人生的最低點。我站在伯里皇家醫院裡，盯著那扇緊閉的門。踏進去之前，我設法讓自己堅強起來。那扇門沒有任何特別之處，平淡的油漆表面跟日光燈照明的走廊上的其他門一模一樣。其他門後有著儲藏用的隔板、日

常清潔耗材，或是成排的醫療用品。但我心裡清楚，當我把手放在冰冷的金屬門把上推開這面平凡無奇的四方形，裡面的景象將會在我心裡留下永遠抹滅不掉的傷疤。我做了一次深呼吸，走進去。

房間很小，燈光暗到足以鈍化感官，又亮到讓認屍的人不用站得太近床邊。一張棉布蓋到伊恩的下巴，他的金髮被梳理整齊。他的臉色蒼白，除了臉頰與額頭上的紫斑之外沒有任何色澤。我的心一沉，為傑夫跟琴感到遺憾與悲哀，久久不能自己。怎麼可能消化喪子之痛？我心想。怎麼可能再次感到幸福？

※　　※　　※

一九六六年值得紀念有兩個對的原因。首先，已故的馬丁・彼得斯（Martin Peters）跟他的隊友讓全體國民沐浴在榮耀之中，英國在世界盃決賽以四比二擊敗西德，地點就在溫布利球場。再者，琴跟我有了第二個孩子大衛（David），是比凱小五歲半的弟弟。遇上這兩件事，體育迷可能都會吶喊：「精彩射門！」但第二個孩子出生之後，我的心情五味雜陳。我們的家庭完整了，一女一男，兒女成雙。但是轉念一想，哥哥跟嫂嫂十二個月前才經歷失去獨子的傷痛，我們因為自己的好運而狂喜，感覺似乎不太對。不過，為人父母的喜悅確實再次灌注他們的世界，黛安・福斯特（Diane Foster）於一九六八年出生，隔年他們又緊接著生了下羅伯特（Robert）。表面上

他們似乎是天底下最幸福的父母親，但我知道他們在心底深處仍在受苦。

到了一九六〇年代中晚期，路跑的熱潮在美國快速增長。我們必須找到方法加入這波新浪潮。當地的俱樂部跑者有機會跟某些世界頂尖的運動員在某些項目上同場較勁，包括五千公尺、十公里、二十一公里半馬以及四十二公里全馬。怎麼樣才能利用這波流行風潮？我不斷尋思。

當時波士頓、福岡以及科希策等大城市的馬拉松多半只有受邀選手能參賽，迫使路跑狂熱者只能在未報名的狀況下跑、用假名參賽，或是在場邊加油。一九六七年的波士頓馬拉松就因為賽事人員粗暴驅逐賽道上的一名女性跑者而登上頭條。女性跑者可以踏上賽道跑步，但不能報名，所以也不會領到號碼服。然而，凱薩琳・斯威策（Katherine Switzer）用縮寫與姓氏騙過主辦單位正式報名，穿上了號碼服出賽。後續的媒體報導吸引了群眾的關注，不分男女，再再為路跑風潮添上新的燃料。

這股風潮也引起 Reebok 在英國的競爭對手注意。Tiger（也就是後來的 Asics）跑鞋從日本的鬼塚（Onitsuka）公司進口，直接販賣給運動員。為美國進口 Tiger 鞋的男人名叫菲爾・奈特（Phil Knight），他比較為人所知的身分是 Nike 的創辦人。把 Tiger 鞋引進英國的人則是頂尖長跑選手史丹・埃爾登（Stan Eldon）。此外，我在 Sweatshop 的好朋友克里斯・布

拉舍也先後獨家引進 Nokia 的定向越野跑鞋以及 New Balance 跑鞋。

然而，事實證明 Tiger 才是我們最大的競爭對手。他們販售的跑鞋鞋身以帆布製成，製作成本低於我們的皮革與麂皮版本。在 Reebok 被徹底逐出這個風潮帶來的市場之前，我們的動作必須快一點。

幸運的是，身處紡織中心的我們很快找到帆布來源。然而處理這種厚實斜紋布切割邊緣的同時還要防止纖維散開，這確實是一大挑戰，因為需要動用新的設備與技術。

終於，我們的 Fab-Road 運動鞋從草稿紙上躍入市場，定價刻意針對 Tiger 的帆布路跑鞋。為了增加初始銷量並讓口碑快速流傳，我在《田徑週刊》上進行促銷活動，在週刊裡附上預付郵資的回郵信封，讀者可以直接撕開放入現金或郵政匯票寄回來給我們。不需要寫地址，也不需要買郵票。然後，我們等待。

幾個禮拜之後，某天我提早上班。諾曼已經在工廠，當然，他每天都會早到。

「喬！」他從茶水間喊，以頭示意我看眼前的一個托盤，托盤上放著一疊回郵信封。他沉穩地說：「一定超過五十封。」

我嚇到了。我把托盤拿到辦公室，叫諾曼一起進來，然後把信封都倒在桌上，發出許多零錢碰撞的聲響。

諾曼微笑說：「這聲音真悅耳，對吧？」

接下來的十分鐘，我們一封一封把信拆開，裡面都是訂購
Fab-Road 的現金或郵政匯票。快要拆完的時候，傑夫走了進
來。他頓了一下，盯著桌上說：「這到底……？」

我把最後兩封拿給他。他把信封拆了，臉上仍掛著不敢置
信的神情。

「沒錯。」我摩拳擦掌說：「我的工作搞定了。現在，輪
到你把鞋子做出來。」

往後幾個月，好幾百張訂單如雪片般飛來。首次推出帆布
鞋款就大受歡迎，志得意滿的我們決定接著把矛頭轉向克里
斯・布拉舍引進的 Nokia 新款塑膠鞋。同一年稍晚，我們研發
出適用於田徑越野、丘陵越野以及定向越野的專業鞋款 Fab-
XC。為了這款鞋，我們採用塑膠包覆的尼龍纖維。貨車後方
本來習慣用油布遮蔽，後來也都改用這種材質。

結果 Fab-XC 一炮而紅。輕量的型態與改善的防水能力讓
跑者可以放心穿越泥濘與溪流，不用擔心鞋子因為吸收水分跟
泥巴而變重。當時的我們並不知道自己站在英國新的跑步風潮
的尖端，而這也代表 Reebok 可以順勢利用這樣的有利位置。

有這麼多跑者擔任我們的業務，所以一九六〇年代晚期的
業餘運動員要不碰上 Reebok 這個品牌也難。顯然其他運動鞋
品牌也察覺到我們的崛起，當 Tiger 鞋的進口者史丹・埃爾登
以及 Nokia 鞋的進口者克里斯・布拉舍開始關注 Reebok，我
有點受寵若驚。

　　然而，我很快就理解這一行「槍打出頭鳥」的道理。Adidas 也在一旁看著我們，或者說，在一旁虎視眈眈。

　　當時 Reebok 在跑鞋上放了 T 字形以及兩條槓，配上從水星時期沿用的「飛翼信使」標誌。一九六八年，Adidas 寄了一封信說這種設計侵犯了他們三條槓的商標。我們必須採取務實的做法，主要是因為我們沒有錢跟他們鬥。

　　在當地運動員的創意建議之下，我們把標誌改為一個箭頭配上側邊斜槓，這也是從英國航空（British Airways）尾翼標誌得來的靈感。我也想把 R 這個字母融入標誌裡。但字母是有方向性的，所以放在左腳鞋子上，可能就會往後指。於是我把字母的想法拋諸腦後，決定用數個箭頭組成一個圓。當負責平面設計的人建議使用 Motter Tektura 字體時，我知道我們有了獨一無二的 Reebok 身分代表——星冠標章。

　　要再次變更品牌的形象有點痛苦，但我對成果還算滿意。更令人寬慰的是 Adidas 竟然在意我們！感覺我們終於正式踏入賽場。沒錯，我們確實是不被看好的選手，但現在至少有了一較高下的資格。

| 13 |

心懷美國

　　踏入賽場是一回事，贏又是另一回事。為了要贏，我們必須直闖強大對手的地盤：美國。相較之下，我們仍是小公司，但在英國的田徑市場上倒也佔了一席之地。

　　我的主要目標是敲開美國大門，然而也沒忘記在另一個方向、離我們比較近的地方也有一塊挺大的領地可以征服。於是我跟傑夫在一九六七年出差一個星期，越過海峽去探查歐洲市場。

　　我們在九月底開車穿過法國與比利時，到德國北部參加科隆國際戶外休閒暨園藝展覽會（SPOGA）。我們知道運動鞋市場已經徹底被 Adidas 跟 Puma 支配，我們每週生產幾百雙鞋，想必達斯勒兄弟每週生產好幾千雙鞋，但這是個讓我們得以親自參觀體育用品相關展覽的好機會。

　　接近傍晚時分，我們把車停好，對面就是科隆的雙塔教堂，還看得出二次大戰在建物上留下的損傷。在教堂對面有展

覽會主辦方提供的住宿安排服務，我們到辦公桌前報名。結果不妙。他們說科隆已經沒有空房，但如果我們能在五點返回辦公處，會有巴士來載我們到距離最近的旅館

　　結果所謂的「旅館」其實是柯尼希斯溫特（Königswinter）的萊茵河岸上一間陰暗破舊的寄宿處，要搭一個半小時的巴士才能回到科隆。因為唯一的食物選擇是歐陸式早餐，所以我們向管家打聽附近的餐廳。傑夫服役時期多半待在德國，他的德文雖稱不上完美，但多數德國人還是聽得懂，除了這位管家之外。對於傑夫的詢問，她似乎連一點點都聽不懂，而我也已經竭盡全力比手畫腳。在一連串嘟囊與唉聲嘆氣之後，她終於投降，指了城鎮中心的方向。我們到那裡吃了一頓毫無記憶點的晚餐，灌了幾杯小麥啤酒，終於又有力氣回去面對那位管家。

　　她擺著一張臭臉，不情不願地把我們領進又暗又髒的房間，裡面有一張雙人床，還有一群蜘蛛。我已經好幾年沒跟哥哥一起睡了，更別說跟十幾隻四處亂竄的蜘蛛一起睡。不用說，當然難以入眠。我可能終究在某個時間點睡去，因為隔天一早有被嚇醒的感覺。那位管家大力敲門，用完美的英文大喊說現在已經六點，早餐準備好了。

※　※　※

　　那一天我跟傑夫逛遍展覽會的攤位，遇上一兩個英國同胞。接近傍晚，我們覺得已經看夠了。為了不要再住進昨晚那

個爛地方，我們駕車前往法國。

在動身前往科隆展覽會的前幾個月，我聯繫了 Opal，那是一間在法國南部販賣移動房屋的公司。他們在南法的濱海阿爾熱萊（Argelès-sur-Mer）有據點，於是我想往南方繞路去多多了解他們的產品。因為我們是潛在的客戶，他們帶我們參觀完之後，還安排我們在宿營車營地住上一晚。二十四小時之後，我們手握簽約文件開車離開。我到現在還是想不通我們怎麼會在法國買了移動房屋，但我記得應該是喝了太多紅酒，覺得自己需要一個地方放鬆。為了合理化這個選擇，還美其名說可以把那個房屋當作「駐歐辦公室」，但我們明明已經決定要把焦點放在英國跟美國。

歐洲似乎比美國更難進攻。除了市場一樣被 Adidas 跟 Puma 佔據之外，他們的閒錢比較少，而且跟我們沒有共通語言。無庸置疑，美國才是真正的金礦。全國有三億五千萬人口，其中大部分的人跟我們說著相同的語言，大同小異啦。美國的田徑仍是利基市場，但與英國相比而言是相當巨大的利基市場，而且田徑從大學層級往上是一項備受重視的運動。

還有其他原因讓攻克美國顯得格外重要。美國是趨勢的創造者，全世界的其他國家都學習美國的創新與風格。閒錢累積出來的商業也是美國文化的一部分，他們的薪資水平以及薪資所造就的生活方式，讓人們在購物時願意冒更大的風險。他們不像歐洲人那樣在購買衣服鞋子之前總要三思，甚至四思五

思。美國人比較衝動，喜歡就買。如果買到的東西不錯，他們會再次購買；如果不喜歡買到的東西，下次就改買別的，不會要求退款，不會大驚小怪，不會放在心上。

現在，目標只有一個，而且很快就出現了一個讓我把穿著 Reebok 鞋的腳踏進美國大門的機會。

我是體育用品雜誌的狂熱讀者，沒辦法，我必須是，這是跟上最新風潮的最好方式。我在某期《*Eurosport*》翻到英國貿易局（British Board of Trade）刊登的廣告，他們要贊助體育用品廠商參加一九六八年二月在美國舉辦的美國運動製品協會（NSGA）展覽，贊助範圍涵蓋攤位的使用、回程機票以及一半的住宿費與其他開銷。英國政府鼓勵英國公司出口貨品的方式很好，對 Reebok 來說更是用膝蓋想都知道應該要參加。

曾經請我們為曼徹斯特的戶外用品店舖製作登山靴的鮑勃・布萊根也想參加，他建議我們跟他新成立的公司 MOAC（Mountaineering Activities）一同以合資企業的方式報名。我跟他都沒去過美國，所以彼此照應似乎是個好主意。我們找了一個午餐時間去曼徹斯特的裁縫店為 Reebok 與 MOAC 的美國遠征訂做西裝。

在芝加哥的麥考密克展覽中心（McCormick Place）舉辦的展覽為期四天，但是買兩個星期的來回機票比較便宜，所以鮑勃建議我們先到紐約待幾天，再去芝加哥參展，之後順便去百慕達探訪他認識的朋友。這麼棒的行程有什麼好反對的呢？

　　展覽的日期撞上我兒子大衛的兩歲生日，但我毫不遲疑選擇去美國參展，外加多待幾天尋歡作樂。我很想說，之所以做這樣的決定純粹是為了收割未來對家庭有益的成果。但若要老實說，事實並非如此。跟父親以及父親的父親一樣，工作跟家庭是彼此分隔的區塊，只存在「各取所需」的關係。商業上的進展是我的動力，或者更確地說，是我的執念。

　　這是福斯特文化，要說我們「名不符實」也可以，畢竟福斯特（foster）這個字在英文裡有著「撫育」之意，但唯一得到我撫育的是 Reebok 這份事業，對家庭的照料則退居其次。父親也是如此，他甚至把酒吧的社交擺在家庭之前。現在我也步上他的舊路，當時我還不知道將來會因此付出什麼代價。

※　　※　　※

　　帶著塞滿樣品跟賣點資料的行囊，我們從曼徹斯特機場出發，全程都在抽菸喝酒。三十二歲的我正坐在前往美國的飛機上！當飛機準備降落在甘迺迪國際機場，我感覺自己像是聖誕夜的七歲小孩，迎接一個又一個視覺驚喜：紐約的天際線、帝國大廈以及克萊斯勒大樓——全是我只在電視或電影螢幕上看過的經典圖像。現在，我就要親自體驗這個令人亢奮的世界。

　　我們搭乘計程車前往位在時代廣場的旅館，紐約的街景從窗外飛馳而過。眼前所見完全符合我的想像，跟電影與電視節目上播出的如出一轍。喇叭聲此起彼落，霓虹燈閃爍，蒸氣從

路面上的人孔蓋竄出。鮮明而艷麗的城市，這裡的人昂首闊步，這裡的建築驕傲挺拔。

接下來幾天我們穿梭於寒冷刺骨的曼哈頓中城街巷，盡可能參觀每一間體育及戶外用品店，吸收店內的設計、商品的訂價與種類，並且拿起在雜誌上看過的鞋款，實際感受它們的重量與緩震。終於，我們不敵大樓之間的二月狂風，躲進舒適的市中心餐廳 Tad's 享用牛排大餐。

如果說我對美國有哪個先入為主的想法得到證實，那就是這裡的一切都超大，包括餐廳裡的餐點。我們不敢置信地盯著溢出盤外的巨獸級牛排，搭配拳頭大小的愛達荷馬鈴薯，上面塗著厚厚一層奶油。竟然只要一美元！

走出餐廳，我必須用力彎曲脖子才能觀賞這些巨大的建築。人們感覺起來也特別大——膽子大、聲音大、信心大，每個計程車司機、餐廳侍者以及旅館櫃檯人員都如影集裡的演員般戲劇化。

就連氣溫都很極端，冷風如刃，割面生痛。本來以為紐約已經夠冷，到了芝加哥才知道什麼是冷到爆表。厚重的雪從天而降，一片片冰從密西根湖的表面突起，像是冰凍的鯊魚鰭。

美國運動製品協會展覽會前夜，英國領事館為我們這些體育產業人員舉辦一場招待會。現場提供酒食以及建議：不要在夜裡獨自外出，走路要盡量挑選明亮的主要街道。不管有沒有鮑勃相陪，我本來就沒有秉燭夜遊的打算，凍傷跟刀傷都不是

我想帶回英國的紀念品。

　　跟這趟旅程的其他東西一樣，位在密西根湖畔的芝加哥麥考密克展覽中心大到不可思議。它至今仍是北美最大的活動與展覽中心，屋頂可以停放一架輕型飛機。裡面有大量攤位，展示所有跟「運動」沾得上邊的商品，包括射擊、狩獵以及釣魚的種種用具。

　　就一個體育相關的展覽會而言，參展者抽菸的比率高得出奇，其中也包括我！來攤位參觀的代表團成員一個個拿出香菸給我抽，我也就一根接著一根抽。那些都是加長型（可想而知！）的香菸，身為英國人的我不喜歡浪費，所以每一根都一路吸到濾嘴。反觀，美國人點完香菸都吸個兩三口就捻熄。這是我第一次面對面接觸大西洋彼岸這種用完即丟的免洗文化。

　　展覽期間，鮑勃得到幾張 Reebok 製造的 FEB 登山靴訂單，而我得到的只有嚴重的咳嗽症狀。許多零售商對 Reebok 表示興趣，但是當他們拿到名片總會一頭霧水地盯著上面的地名。

　　他們會很誠懇地請教：「英格蘭？那是在哪一州？」

　　我解釋：「英格蘭在英國。」

　　終於，他們貌似聽懂了。「啊……英格蘭嘛，倫敦附近那個對吧？」

　　「嗯……，對，倫敦附近那個。」我已經累到懶得解釋了。

對話進行到這裡，他們通常會把名片還給我。「可以直接在美國買貨的時候再通知我們吧。」

他們只想用美金跟美國本土的供應商購買，不想經歷進口貨物的麻煩。真的沒必要，美國國內的供應商已經夠多。顯然我們需要有一個美國經銷商，就像福斯特在一九五〇年代跟耶魯簽下合約那樣。Adidas 光是在北美就有三到四個經銷商。我猜我們也需要，於是開始了一段非常漫長的尋覓過程。

等到美國運動製品協會展覽會結束，我咳嗽咳個沒完沒了。等飛機一降落在百慕達，我就找了一個最近的垃圾桶，把身上所剩的香菸全都丟了，同時發誓永遠不再抽菸。好在咳嗽的症狀幾乎立刻緩解，讓我鬆了一口氣，也讓鮑勃鬆了一口氣。畢竟在他朋友於漢密爾頓附近的平房裡，我們兩個不只睡在同個房間，還要同睡一張床上。

姑且不提令人尷尬的睡床安排，百慕達的優閒氣氛與宜人氣溫完美療癒了經歷了十日忙亂與寒霜的我。漢密爾頓的殖民茶鋪取代了曼哈頓的深夜餐點，在曼哈頓中城隨時都能聽見警車鳴笛，對比之下，這裡只有一名穿著短褲的警察靜靜指揮城鎮中心的交通。

鮑勃跟我租了輕型摩托在島上遊覽，參觀了總督官邸及海軍造船廠。穿過柑橘林的時候，我閉上眼睛感受暖風拂面，吸進陣陣橙花香氣，讓百慕達的溫暖放鬆緊繃的肩膀肌肉。兩天之後我將回到伯里，我的廂型車散發柴油味，擋風玻璃上的雨

刷用力刷掉雨滴，讓我勉強可以看見被雨打濕的灰色路面，冬季裡的建築物和行人也是灰的。

　　正常情況下，光是想到這樣的景象就會讓人憂鬱，但現在的我很期待見到琴跟凱，還有把生日禮物拿給大衛。我也渴望重返工廠的熟悉環境——老皮革的味道、打孔機的聲響，以及每天在事業上面對新挑戰的刺激感。我準備好了，而且也明白該怎麼做才能打開美國的大門。令人興奮的日子就在眼前，我可以感覺得到。

| 14 |

世界的開口

　　英國貿易局必定認為這趟美國之旅很成功，所以往後多年持續支持我們這樣的企業。鮑勃只去一次就沒再去了，但我每年都代表 Reebok 參與美國運動製品協會展覽會。然而在美國找到經銷商的難度超乎預期，因為我們的規模太小、資金太少，知名度也太低。

　　儘管如此，我確實得到了羅爾夫·馬丁以及彼得·馬丁（Rolf and Peter Martin）的聯繫。他們來自佛瑞德·馬丁經紀公司（Fred Martin Agencies），那是他們的父親在加拿大的溫尼伯所創立的公司。他們已經是 Puma 的代理商，但偶然發現我們為校園運動員製作的特殊釘鞋 Prefect 鞋款。同級價格之下，Puma 沒有能與之競爭的產品。

　　馬丁兄弟開了超級大的訂單給我們的小小生產線，讓員工們接連好幾晚都在工廠熬夜趕工，竭盡所能趕上交貨的期限。但我加班加得很開心，因為我們總算在大西洋的彼岸有了經銷

協議，雖然是在北緯四十九度線的另一端，不是美國而是加拿大。

　　當時如此龐大的貨量要以木箱運送。我們趕到利物浦港把貨品裝進木箱，看著貨船啟航，鬆了一口氣。這是佛瑞德・馬丁經紀公司訂單裡的最後一批貨，所以我們終於可以重拾（還算）正常的工時。

　　然而幾週後我們收到緊急訊息，要求盡快重做訂單上的鞋子。原來在加拿大港口卸貨的時候，木箱落海，好幾十雙Reebok鞋就這樣被送進幽暗的水底深處。

　　姑且不論那些沉沒的鞋，馬丁兄弟引進的Prefect大獲成功。他們還送了一雙給跳高選手黛比・布里爾（Debbie Brill），她在當時仍是學生，後來因為開發出類似「佛斯貝利背越式跳法」（Fosbury Flop）的創新動作而聞名：在過槓的時候，讓背部與地面平行。黛比創下多項同年齡層的紀錄，其中幾項至今仍未被打破。

　　可惜，佛瑞德・馬丁公司向Reebok進貨的消息終究傳到他們的最大客戶Puma耳裡。保守一點說，Puma的人並不欣賞這個作為。倘若他們繼續跟我們合作，Puma就要中止馬丁公司作為加拿大經銷商的身分。他們沒有選擇繼續跟我們合作，所以Reebok的加拿大合約就這樣嘎然而止。

※　　※　　※

不過到了一九六九年，我對國際經銷商的祈禱又有了回應。我們得到英國知名足球鞋廠商羅倫斯體育（Lawrence Sports）的關注。

我們把足球稱作 football，美國的兄弟則把足球稱作 soccer，而這項運動正要在大西洋彼岸起飛。那間公司的銷售總監德瑞·沙克爾頓說服他的老闆哈洛·羅倫斯（Harold Lawrence），羅倫斯體育一定要摻一腳。沙克爾頓認為連結 Reebok 的眾多運動鞋款能讓他們在美國市場產生更大的影響力，尤其是訓練鞋系列。

沙克爾頓頗為隨意地向我提及，若讓羅倫斯體育接手 Reebok 的全球經銷，對雙方都有好處。回首前塵，我猜想當時的 Reebok 仍保有祖父時代的福斯特心態，也因此錯失了一個絕佳的機會。倘若在不同觀點的耳濡目染之下長大，我也許會主動向羅倫斯體育提議，在他們經銷我們產品的同時，也可以幫 Reebok 製造足球鞋款。

唉，可惜我沒這麼做。一部分是因為當時的羅倫斯體育比 Reebok 大多了，所以我們確實沒什麼立場向對方提出要求。另一部分是因為我沉浸於終於進軍美國市場的狂喜之中。我心想：就是這樣嗎？得到全球經銷，打進美國市場，就這麼簡單嗎？哇，一通電話就讓我們到達這個境界。

這協議似乎好得不像是真的。羅倫斯體育會買下我們每年的產量，也就是田徑、越野、路跑跟橄欖球系列加總起來大概

一萬兩千到一萬五千雙鞋。我也會成為國際銷售團隊的一員。
條件很不錯，保障了 Reebok 二十名員工的全職工作，Reebok
可以盡全力生產出最多的鞋子，他們支付貨款也不拖泥帶水。
唯一的缺點就是，我們無法繼續直接提供鞋子給過去七年打造
的巨大體育俱樂部業務員團隊。我花費了非常多的時間與心力
從體育俱樂部招募業務員，停止跟他們共事是一場豪賭，但眼
前的機會確實好到不能放過。海外經銷是最難克服的障礙，這
份協議為我消除了許多令人頭痛的問題，於是我在虛線處簽上
名字。然而這個決定卻差點斷送了我跟傑夫的公司。

　　沙克爾頓買下 Reebok 生產的所有鞋子，又負責處理經銷
事宜，所以現在我有多餘的時間可以探索 Reebok 的其他可
能。皮革服飾似乎是一個顯而易見的合理選擇，我們有合作的
原料供應商，現成的生產線也可以輕易轉型縫製衣服。而且那
時期的時裝產業很有趣，那是流行皮革緊身褲與緊身裙的年
代。

　　雖然營運資金來自 Reebok，但傑夫並不想參與我新創的
時裝公司 Leatherflair。不過他還是為位在伯里的第一間店面
漆上品牌的顏色，基本上就是鮮豔過頭的紫色，也是一九六〇
與七〇年代的代表色調。他也幫忙在店面後方安置了一間工作
室，我在那裡雇用了一名裁切工以及兩名縫紉工。

　　後來我又延攬了一個女人來管理店面，並且負責從倫敦的
設計公司挑選款式。我們很快地在布萊克本（Blackburn）以及

紹斯波特開了新的分店。琴對這一行有興趣，於是也加入了。除了對採購跟進貨給予意見之外，她也幫忙把完成的商品運送到兩間分店。

　　除了在當地報紙上刊登廣告，我們還花錢聘請布萊克本小姐穿上 Leatherflair 的衣服走秀，包括一襲柔軟婚紗，配上總能抓住伸展台聚光燈的長羽毛圍巾。正是如此精彩的單品把我們的供應鏈推進各大百貨公司。不可否認，這產業既好玩，又能以相對簡單的方式創造額外的收入。

　　一九六九年的 Reebok 不單跨足女裝業，也推出了我心目中品牌史上最偉大的鞋款。

　　我們跟同一條街的 Bolton United Harriers 關係密切，贊助了俱樂部裡很多運動員，其中包括朗·希爾（Ron Hill），早已是國際知名跑者的他在英國、歐洲以及奧運的長跑賽事中都曾拿下獎牌。某次練跑之後，同為俱樂部成員的傑夫跟朗聊天，期間朗談到自己理想中的「終極」跑鞋。他這番話找對人說了。隔天傑夫跟我根據朗的建議腦力激盪，熱烈交換意見。

　　當朗·希爾這類人物主動跑來提供改進的意見，說什麼都不能無視。自從一九六四年十二月開始，朗每天都至少跑一英里（這項紀錄持續至二〇一七年的一月，總共五十六年又三十九天沒有間斷）。有人說這是上癮，但如果你真的認識阿克寧頓（Accrington）這位聰明又顧家的男人，就會知道這是純粹的熱情，還有企圖讓身心與裝備臻至完美的非凡追求。

多數菁英運動員奔跑的時候以腳後跟著地，朗跟他們不一樣。他是所謂的「漂浮者」，總是以前腳掌著地。這個技巧能產生更多向前的推進力，同時減輕膝蓋的負擔。赤腳跑步的狀況下，你的身體自然會傾向於用中底或是前掌觸地。朗追求自然。事實上，他常常不穿鞋子參賽，甚至包括越野跟路跑賽事。他想要那種赤足的腳感。他的構想是以田徑設計為基礎的極簡化路跑鞋，除了極端輕量之外，那雙鞋基本上不需要後跟。他的跑步方式不需要，所以後跟的部分只會徒增重量而已。

我們最後構想出來的設計遠遠領先時代。當時的趨勢是用厚重的中底增添緩震效果，但朗連襯墊都不要。新鞋款的緩震層僅有〇‧八寸，再配上耐磨橡膠製成的鞋底。鞋身的材質是可洗麂皮，也就是翻過來的幼獸皮，不用另外對皮革加工，肉面就可以完美吸收黏著劑。

那是約維爾（Yeovil）的彼得士皮廠（Pittards）生產的特殊手套皮革。為越野鞋底鑄模的橡膠工廠的路上，我先前去拜訪那間皮革廠。他們的樣品豐富多元，包含各種不可思議的顏色。審視過後，我選了被稱為「時髦狐」的燒焦琥珀色。

朗很愛這雙鞋，愛到跟這雙鞋形影不離。他是個不太讓鞋底磨損的跑者，但鞋底總有磨平的時候。他不會換一雙新的鞋，而是會把舊鞋帶來工廠，坐在旁邊看我們更換鞋底。

特殊的顏色加上朗的代言，這款名為 World 10 的鞋子成

了路跑界的奧斯頓・馬丁（Aston Martin），外觀跟性能都是超跑等級。作為跑者的生涯中，朗參加過一百一十五次馬拉松賽事，贏下二十一場，並在四種不同距離中創下四項世界紀錄。他在一九七〇年成為史上第一名贏得波士頓馬拉松冠軍的英國跑者，而且在寒冷的逆風之下比原本的賽事紀錄硬生生快了三分鐘。單靠那場勝利就產生大量關注，隨後更帶來數百張World 10的訂單。

　　幸運的是，當地的體育俱樂部有一位如此常勝的冠軍選手。更幸運的是，他不吝跟傑夫分享改善跑鞋的建議。少了這般適時的好運，Reebok恐怕無法這麼快踏上世界舞台，甚至可能根本踏不上。

｜15｜

差點玩完

羅倫斯體育在合約的第一年信守約定，把 Reebok 的鞋子出口到澳洲、紐西蘭、加拿大與南非，第二年也是一樣。然而讓我頗感挫折的是，儘管沙克爾頓保證很快就會發生，他們卻遲遲拿不到我心中的聖杯——美國的經銷管道。

我試著保持耐心，相信美國很快就會在名單上出現。我對沙克爾頓有著絕對的信心，他是一個說到做到的人，而且他也明白美國的供應鏈對我來說有多重要。

然後，在一九七一年，正當雙方合作即將屆滿兩年之時，我接到一通沙克爾頓打來的電話，他說他要離開羅倫斯體育了。七十多歲的老闆哈洛‧羅倫斯已經把大部分的決策權交給女婿，這造成管理階層裡的不和與紛爭，也讓沙克爾頓失去繼續留在那裡工作的意願。這個消息讓我反胃，儘管沙克爾頓向我保證他的離去不會危及 Reebok 與羅倫斯體育之間的合夥關係。

　　但是可想而知，沙克爾頓一走，情況馬上急轉直下。首先，羅倫斯體育開始延遲支付給 Reebok 的款項，同時以品質問題為由把鞋子退還給我們。這讓我相當難堪，因為 Reebok 送出的鞋未曾遇過任何品管問題。我請傑夫把樣品拿進辦公室，準備仔細檢驗。

　　我跟傑夫全力細查，把鞋子拿在手中翻了又翻，找尋刮痕、皮革摺痕或是溢膠，用手指撫過每一條縫線以確認有何瑕疵。我們兩人都認為鞋子的品質沒有任何問題，於是我向羅倫斯體育索取未付的貨款。他們拒絕了。我們完全依賴羅倫斯體育，他們幾乎代表了 Reebok 百分之一百的收入。當他們拒絕付款，我們的金流就會被切斷。這件事若被銀行察覺，麻煩就大了。我們必須弄到現金，而且要快。

　　我花了難以計數的時間跟哈洛的女婿談，當他沒空的時候，我就跟他的部門經理們談，結果全是徒勞。透過這些對話，我發現 Reebok 貨款被切斷的真相。沙克爾頓離去的同時也把多數銷售團隊的成員一起帶到巴塔鞋業（Bata），而羅倫斯體育很難找到足以替代的人才。如此一來，訂單量開始消減，羅倫斯體育必須降低產量，當然也連帶影響到我們。

　　大概也是在這個時期，足球鞋的科技有了新發展，傳統縫製或膠黏的鞋底被注射製模取代。羅倫斯體育被迫投資鉅額購買全新的多站注射製模機，而這種機器只有德國生產。這些機器原本應該在一九七一年的一月到貨，以便趕上一月到六月的

典型足球鞋產期，但是貨沒到。等待機器到來的期間，他們的
足球鞋生產全面停止。對一間只做足球鞋的公司來講，這是個
相當嚴峻的狀況。

當機器終於在四月到港，安裝團隊卻發現羅倫斯體育特別
為這具機器建造的廠房太小了，於是又花了一個月擴建廠房。
然後準備開始製造鞋子的時候，又發現模具出錯，需要重製。

等到這台巨型機器可以開始量產注射製模足球鞋時，已經
是季前訂單的出貨時間。足球鞋零售的尖峰期很短，只有七、
八月，頂多在十二月還有一小波。結果就是在球季快要開始的
時候，所有零售商都撤回訂單，羅倫斯體育蒙受巨大損失。無
可避免，現金流的問題接踵而至。

顯然羅倫斯體育遲早要進入破產清算階段，也因為我的決
策，Reebok 跟這艘沉船綁在一起。他們的倉庫裡還有兩千雙
Reebok 運動鞋。我們絕對不能沒拿到貨款，**又失去**貨物本
身。倘若如此，我們的喪鐘就真的響了。

除了持續為鮑勃‧布萊根製造的專業登山靴之外，我們
（或者說我本人）做了極端天真的決定，把所有雞蛋都放進同
一個籃子裡。這是一個很愚蠢的錯誤。想要打入美國市場的渴
望壓過一切，讓我對可能的致命風險視而不見。「真笨，真
笨，真笨。」我不停斥責自己。為了避免破產，該好好維持正
面思考。我必須擔起責任，減少開支，看看有沒有機會撐過這
場危機。

我請工廠裡的所有員工集合。外頭風和日麗，陽光的碎片透過工廠窗戶灑進來，照亮二十多張臉龐。他們穿著白色的工裝，全都盯著我看。

感覺很差，罪惡感讓我想吐。這些人都是忠誠的員工，像是家人般合作無間。就算羅倫斯體育減少產量，那頂多只是催化劑，真正的過錯在我身上，是我讓公司陷入這種任人宰割的窘境。該負責的是我，我是一個失職的船長，規劃了錯誤的航道，讓船擱淺。員工心中必會萌生敵意，而我活該承受。

我開口：「我們遇上嚴重的現金流問題。」拐彎抹角已經沒有意義。我注意到幾個員工把兩臂抱在胸前，像在保護自己以準備接收最壞的消息。我說明羅倫斯體育的狀況，以及他們的困境如何毀了我們的財務。

我繼續說：「所以，從明天開始，我們必須減少產量，還必須暫時解雇一些人。」所謂的「一些」指的是半數以上的員工，但我當下沒有明講。接著，疑問四起。

「要多久？」

「哪些人可以留下來？」

「拿得到這個月的工資嗎？」

我全都老實回答，並且強調這只是啟動復原計畫之前的權宜之計。我向他們保證，每個人都能盡快回來上班，只是我們當下真的沒錢可以繼續僱用所有人。

我跟傑夫向來是最晚拿薪水的人，這是我們身為老闆的道

義，過去跟未來都是。面對這些勤奮而忠心的員工，他們的福祉就是我們的責任。倘若做出影響他們生計的決策，我跟傑夫當然一毛錢也不會再拿。我沒料到沙克爾頓的出走會讓把Reebok跟他們綁在一起的決策成為一步爛棋，而員工們明明什麼錯都沒犯，卻要因此被迫付出代價。

也許是因為我開誠布公，又或者因為這個團隊實在有著不可思議的忠心，總之沒有一位員工露出我預期中自己應該承受的恨意。有些人甚至主動要在不支薪的狀況下繼續上工以保障Reebok的存續，其他人則保證會在情況好轉時回到工作崗位。我真的覺得很感動。

情況若要「好轉」，我們就必須快點行動。我們急需現金。羅倫斯體育的陷落也連帶瓦解了我的 Leatherflair，我們沒有餘力同時經營 Reebok 跟時裝副業。我們關閉了伯里與布萊克本的店舖，但無法撤回紹斯波特還剩兩年的店面租約。

另外還有一個小問題：躺在羅倫斯體育倉庫的兩千雙Reebok 鞋。羅倫斯體育在幾天之內就會進行破產清算，到時候那些鞋子也會被強制拍賣。我必須把它們搶回來，現在就要。

宣告裁員消息的同一天，我租了一輛大廂型車，開了一百五十英里路，抵達位在北安普頓（Northampton）的斯坦威克（Stanwick）的羅倫斯體育倉庫，然後把所有的 Reebok 鞋丟進車裡。現在我們需要找個方法把它們賣掉，快速換取一些現

金。

我們一直都有暢貨中心，販售略有缺陷但品質仍優良的瑕疵品及退貨。位在伯里的廢品店是年輕小夥子們的突擊目標，他們會在店裡到處搜尋可以配成一對的鞋子，有時候甚至「大致上能配成一對」就可以了。我曾經多次在街上或酒吧裡看見當地的年輕人穿著左右兩腳尺寸不一樣或者款式不一樣的Reebok運動鞋。

但就連這些「掠奪者」或折扣商品獵人也無法幫我們消耗掉這兩千雙庫存。此時，琴出手了。她聯繫朋友以及學校與俱樂部裡的熟人，說Reebok要以半價或更低的價格出清瑕疵品。就算打對折賣，直接賣給顧客的利潤仍比賣給羅倫斯體育高。靠著這兩千雙庫存，我跟琴設法賺進足以償清迫切債務的資金。同等重要的是，我見識到琴的另一面。形勢險峻的非常時期，她不介意自己跳出來弄髒雙手。這一次要不是有她出手幫忙，形勢恐怕會更為險峻。

｜16｜

新的機遇

　　說到門，往往是這樣的：一扇門關了，就會有另一扇門開啟，有時候甚至有很多扇。當生產線全面暫停，我們起初有些憂懼，但傑夫跟我未曾想過會真的一敗塗地。這比較像是一次重開機。

　　打開第一扇門的是一位舊識。沙克爾頓聽聞我們身陷泥淖，於是說服新東家巴塔鞋業把 Ripple 訓練鞋加入他們的 Power 品牌足球鞋系列之中，這立即為我們的工廠帶來每週一百雙鞋的定期訂單。除了每週為鮑勃‧布萊根製作的五十雙登山靴以及為某些客戶訂製的零星手工鞋之外，這是我們當時唯一規律生產的鞋子。

　　考量到我們的現金流困境，沙克爾頓還做了另外的安排：我們能直接向巴塔鞋業購買製作這款訓練鞋所需的皮革與其他原料，而且能夠延後付款。同時，他確保巴塔鞋業會在訓練鞋完工的七天之內付錢給我們。實際上這代表在 Reebok 付錢向

他們購買皮革等等原料的前三個月，巴塔鞋業就向 Reebok 把這些原料製成的產品買回去。

這真是我們的救命繩。除了跟其他供應商也達成延後付款的協議之外，我終於可以帶著一份可行的生存計畫走進銀行。我們尚未脫離困境，但我可以看見往前的道路，又長又暗的隧道那頭終於出現光亮。我們現在只需要更多訂單。

縱使羅倫斯體育的大敗差點毀掉公司，從他們那裡拿回掌控權某種程度上也讓我鬆一口氣。有多餘的時間探索其他生意是很好，但自己未能掌握全局的疑慮卻總是揮之不去。擺脫羅倫斯體育加諸在 Reebok 身上的壟斷，代表其他公司可以跟我們接洽，也代表我可以向其他公司推銷 Reebok。鞋業的世界不大，風聲傳得很快。當大家聽聞有新的協議正在商談，各個公司很快表現出對 Reebok 的興趣。

在與巴塔鞋業合作的背景之下，我接到 Stylo 的電話，那是一對兄弟擁有的連鎖鞋店。因為體育對商業區的影響愈來愈大，他們決定把某些鞋店改為體育用品店，於是希望我們幫他們製作一系列運動鞋。再一次，沙克爾頓跟巴塔鞋業同意讓我用延後付款的方式購入皮革。

接著，德國體育品牌 Hummel 也跟我們聯繫。他們在布里斯托（Bristol）有一間配送中心，想要我們製作一款平價的黑色運動鞋。製作這樣的鞋子對我們的工廠來說是小菜一碟，而他們每個月兩百雙的定期訂單讓我可以把之前暫時裁掉的員

工都叫回來上班。現在工廠產能已經恢復到羅倫斯體育災難之前的百分之八十。

生意復原期間，我們再度延伸觸角。製造現金流必須優先於其他考量，包括擴張 Reebok 品牌的計畫，那對現在的我們來說形同奢求，當務之急是在任何可能的時間以任何可能的方式增加產量。為此，除了現存的系列鞋款之外，我們也開始製造划船鞋、跳傘鞋以及滑板鞋。在這些領域嶄露頭角為我們打開了另一扇門，一扇很大的門。

來自一間奧斯陸（Oslo）體育用品公司的芬恩・艾莫特（Finn Aamodt）看到了我們的產品，想要找工廠為挪威軍隊製作兩萬雙運動鞋。雖然我們已經幾乎重拾百分之百的量能，這份訂單的要求仍遠遠超過每週兩千雙鞋子的平均生產力。若要達到這個數字，我們就必須把部分工作分包給競爭廠商。我有好幾個員工先前曾受雇於帕克鞋廠，於是他們協助我跟他們老東家的總經理取得聯繫。

帕克這間當地的製造商專門生產傳統的街頭鞋款。他們曾經風光一時，但現在訂單愈來愈少了，因為大品牌都開始從遠東進貨。正因如此，他們有多餘的生產量能。雙方談好價錢之後，傑夫就把樣板跟製作細節寄給帕克。帕克鞋廠的作工還不差，我們之間也維持友好和睦的關係，但他們代工的成品並不符合 Reebok 的標準。結果就是芬恩・艾莫特後來沒有成為我們的回頭客。

Reebok 做的是高性能的運動鞋款，輕量又有彈性，配上具有侵略性的設計。帕克做的是街上穿的鞋子。他們用的楦沒有我們的形狀與鞋頭翹度，而且他們的機器使用釘子，這就需要更結實沉重的鞋墊。反觀我們的輕量鞋墊只要用黏著劑就能固定。

挪威軍隊的訂單在我們急需金援的時候提供了不錯的挹注，也同時教了我關於外包的一課。合作對象光有生產量能是不夠的，我們還需要考量對方的製鞋方式、機械設備、楦型和原料是否適合高性能的輕量鞋履。倘若完成品只是令人滿意，卻無格外出眾的品質，就會壞了 Reebok 的名聲。

產能全面回歸，現金開始流動，該是再次專注於行銷 Reebok 品牌的時候了。美國路跑的「利基市場」漸趨主流，這也漸漸感染英國，於是對路跑鞋的需求持續成長。打響名號的關鍵在於經銷，這點不只適用於美國，如今也包括英國本土。隨著羅倫斯體育崩毀而消逝的不只有對美國經銷的希望，還有國內的經銷管道。

至少我們現在可以直接供貨給十多家專營田徑用品的零售商。但是少了業務員之後，要銷貨給非專業型態的商家的唯一做法就是寄送介紹信件與報價，然後期盼他們回以訂單。作為一個知名品牌，Reebok 現在所處的位置基本上接近我跟傑夫出走之前的 J. W. Foster & Sons，所以試圖透過信件獲取訂單終究是徒勞。我必須時時提醒自己，有時往後退個幾步反而能

讓人看清未來前行的道路。

　　然而就當時的處境看來，我們似乎後退太多。但最重要的是不能失去信心。現在我們又忙起來了，又在生產鞋子了。關於擴展品牌的夢想，我必須保持耐性。好在我生性樂觀，我知道未來一定會有更多機會可以把 Reebok 推到美國，也能讓這個品牌在英國變得更為知名。這就是做生意的刺激之處，你永遠不知道有什麼正在下一個轉角等著。

| 17 |

通往美國的鑰匙？

一九七二年，一封信被投遞到布萊特路工廠的信箱。寫信的人是一位費城的健身跑者，他在《跑者世界》（*Runner's World*）上看到我們的產品廣告。這個名叫舒朗恩（Shu Lang）的男人大膽毛遂自薦，想要擔任 Reebok 在美國的經銷商。

信裡說他透過某個管道拿到一雙 Reebok 鞋，然後注意到三件事：首先是這雙鞋的品質，再者是在美國買不到這個品牌的鞋，第三則是沒有同等的美國製商品可以像這雙鞋一樣匹敵德國的 Puma、日本的 Tiger 以及芬蘭的 Nokia。

他相信只要透過積極的銷售與宣傳，他就能把產品推銷給高中與大學數以千計的室內外越野田徑隊、愈來愈多為了健身而跑步的人，以及參加五公里或十公里路跑賽事的選手。

他的熱忱讓我印象深刻，評語也讓我受寵若驚，但我持保留態度。幾次魚雁往返之後，我發現舒在東北部有足夠人脈，

但那些人脈不足以讓產品擴及全美。無庸置疑，他熱切地想做這件事，更重要的是，我們也沒其他人選。

我決定在他身上賭一把，但同時鼓勵他跟美國其他區域的經銷商合作。舒開始各處聯繫時，我也埋首自己的名片夾中，設法幫舒跟美國的某些對象牽線。

名單上的第一選擇是一間叫做 Sports International 的加州公司，老闆是我在美國運動製品協會展覽上結識的一對夫婦。跟舒一樣，他們也急著想要幫忙。簡短協商之後，他們設立了 Trans World Sports 來處理 Reebok 在美國西岸的經銷。

一切似乎按部就班進行，也許有點太過輕而易舉。先是舒朗恩的來信，然後跟展覽會上認識的人簡短對話，兩件小事可能個別造就 Reebok 在美國東西岸的經銷。也許我一直以來都把事情想太複雜了，但是真的會這麼簡單嗎？

答案是否定的。就在 Trans World Sports 啟動前幾週，我收到對方的通知。他們說要收手，原因是要把資金投注在其他地方，我到現在都不知道確切原因。

好吧，我們至少還有美國東岸的舒。我再次鑽進名片夾，安排好跟 Total Environment Sports 的總執行長會面。根據他在美國運動製品協會展覽上的說法，這是一間大型的運動服飾公司。

到芝加哥參加一場美國運動製品協會舉辦的活動之後，我飛到底特律。到機場接我的是跟美國總統同名的公司老闆吉

通往美國的鑰匙？ | 147

米‧卡特（Jimmy Carter）。到目前為止還不錯，一位總統跟一間巨大的體育服飾供應商。可惜，兩者都是假的。這位載著我穿過大雪前往公司總部的吉米‧卡特其實是通用汽車（General Motors）生產線上的員工，而所謂的執行長辦公室就是他家廚房的餐桌。

這跟我的預期差了十萬八千里，但他人還不錯，而且我自己又有什麼資格挑剔呢？我同意供貨給吉米‧卡特，但後來釜底抽薪，因為舒跟我說 Total Environment Sports 以折扣價廣告 Reebok 鞋款，違反了我們的口頭協議。

再次遭遇挫折令我灰心喪志，決定不再花那麼多心力尋找別的人選。事實證明，要找到對的經銷商跟舒一起拓展美國領地簡直難如登天。

往後幾年，我在美國東岸的經銷商，也是我唯一的經銷商舒朗恩變得愈來愈苛求。幾乎每次郵差送的信中都會有這傢伙的發洩文字，不是抱怨我回信太慢或是根本不回，就是抱怨寄送了錯誤的尺寸或是錯誤的鞋款。

面對我的冷處理，舒把注意力轉到傑夫身上，透過信件跟電報催促他寄送特定鞋款，要求他不要延遲。其中一封信的開頭如下：

親愛的傑夫

有我這樣的人整天嘮叨，你還需要老婆嗎？

　　縱使舒在販售 Reebok 方面沒有取得太大進展，有個人待在美國還是挺有用的，可以持續提供鞋業發展的最新資訊。他也幫忙盯著競爭對手，寄送其他廠牌的樣品給我們，指出他跟顧客想要朝什麼方向改善，例如增加排氣孔或是減掉鞋提。這還滿有趣的，原來大廠牌對經銷商們愈來愈會擺架子。他們有時要求每份訂單的最小成本，有時規定經銷商只能儲存那些貨品，甚至只能賣給哪些對象。然而考量到這些大牌產品的受歡迎程度，經銷商只能忍受。

　　關於 Reebok 鞋款的性能與需要調整之處，舒也轉達了大學教練與運動員的珍貴意見。傑夫採納其中某些想法，將其融入鞋子的設計。至於用不到的部分，就跟其他比較沒有建設性的批評一起塞進舒朗恩專屬的、愈來愈厚的檔案夾裡

　　透過跟舒的合作，我開始了解打進美國是一件多麼困難的任務。Adidas、Puma、Nike 跟 Tiger 四大天王基本上控制了整個零售市場，B 咖廠牌則透過強打廣告來撈一點剩下的油水，但是沒有太多店家想要進這些廠牌的貨。我們還有什麼機會呢？

　　零售商不是跑者，他們不會閱讀跑步雜誌。如果他們有閱讀什麼的話，頂多也就是商業期刊跟體育雜誌。他們只認大品牌。對他們來說，既然架上的名牌商品會自動賣出去，引進不知名廠牌的商品就毫無意義。對於 Reebok 這種不知名廠牌而言，唯一的選擇就是針對基於某些原因無法取得大品牌貨品的

店家，進行持續不斷而且所費不貲的廣告。

於此同時，我們持續跟校園接洽，聯繫大學以及田徑社團，並且追求郵購商品的銷售。跟舒領悟到的一樣，不會有快速的巨大成就。我們所能期待的只有穩定而緩慢的增長，但就連這麼卑微的要求都讓英國的我們與美國的舒感到挫折。

一九七四年春天，舒朗恩偕妻子到英國探訪我們，同時試圖弭平雙方合作過程中的某些摩擦。他近來幾封信的大意基本上就是我們沒在做事，**而他有**，而且我們還不幫忙。

在倫敦觀光一日之後，我帶朗恩夫婦去看伯里布萊特街上的工廠。舒馬上從包裝區抄起一雙「野馬」鞋，把鞋子高高舉起，眉毛一揚。「這種鞋就是我一直在苦等的。為什麼你們不寄來美國？」

確實，在出貨給舒這個方面，我們一直都有點懶散。不是要針對他，而是眼前有太多待辦事項，而出貨給舒這件事似乎無法對征服美國的目標產生太大助益。第四十七件事——**寄送四十雙鞋給舒**——不斷被別的事項插隊，我帶著歉意解釋：「這裡的情況有點瘋狂。」

「瘋狂？**瘋狂**？想知道什麼叫瘋狂就該來看看我的處境。一週又過一週，我反覆跟那些教練說著同樣的話：**鞋子還沒送到。**」他已經殺紅了眼，妻子在旁安撫，卻完全無濟於事。「喬，你想要我在美國建立品牌。沒有鞋子，我要怎麼搞？或是只有錯誤的鞋子，我要怎麼搞？或是有對的鞋子但是尺寸錯

誤，我該怎麼搞？跟我說嘛，喬。怎麼搞嘛？」

　　我一邊試著平息他的怒氣，一邊默默責怪自己之前回覆的方式太過粗劣隨便。問題是我只要寄給舒一封信，他就會馬上回個兩三封，我真的沒辦法花上半天寫信。而現在他累積數月的情緒傾瀉而出。

　　「你似乎以為只要無視問題，問題就會自己消失。」他繼續說：「喬，不要誤解我的意思。我質疑的不是你想要擴張到美國的誠意，我質疑的是你的能力。這一年半以來，我已經在當地創造出巨大的需求，但我們到現在還沒決定要行銷什麼特定鞋款。你隨機出貨，而且不回應我的詢問。」

　　我冷靜回答：「這些我都知道。」我看得出他還沒罵完，現在最好的策略應該是讓他發洩個夠，之後再收拾殘局。

　　「我們投入了很多時間、心力與金錢，但能拿出來給人看的東西卻不多。鑰匙握在你手上。如果真的要讓經銷有所成果，就不能一直在危機與危機之間磕磕絆絆。」

　　面對他的煩躁與沮喪，我試著四兩撥千金。我對這種事幾乎免疫了。但是，他是對的嗎？真的應該歸咎於我嗎？我是否以為找到一個經銷商之後，就能在這方面放輕鬆，專心處理其他急事，例如在英國境內擴張，而事實上應該把優先順序反過來？將近五年的時間以來，我一直積極追尋進軍美國的途徑。現在我有了一個立足點，應該要盡可能善用機會，無論看起來會有多麼曠日廢時。

我們到底哪裡做錯了？只有未來能提供答案。舒朗恩需要
Reebok 即時提供滿足訂單的鞋子，但要做到如此，Reebok 就
必須投入人力物力去生產，還要囤積大量的成品或原料。

又經歷幾次教訓之後，我才明白這永遠行不通。舒朗恩跟
Reebok 都沒有足夠的資金。Reebok 將自己定位為性能領導品
牌之一，跟當時的福斯特一樣，我們在一個小市場裡擁有利
基。而這個小市場突然成為主流，對 Reebok 的需求增加，但
我沒能抓到真正所需。跟我接洽的一直都是空有熱忱的個人、
跑者，或是有企圖心的好人，然而全都缺乏必要的經驗，還有
最重要的是，缺乏能夠造就成果的資金。

我當時未能了解到的是，我們所處的產業仍在「長大」。
製造並且囤積每一款鞋，然後等待零售商下訂單，對我們這樣
的小品牌來說，既不符合成本效益，也沒有可行性。這是我慢
慢學會的一課：Reebok 若要成功，就必須往大處著眼，但當
時的我還不知道如何「成其大」。我也知道要成為「大品牌」
極端困難，因為財務上的要求遠遠超出我跟舒的能力，當時的
我們就是還沒到那個檔次。然而，我絕對不會做的一件事就是
放棄。無論如何，我一定要找到別的方法。

我向舒保證，會把他的需求擺在第一優先。朗恩夫婦離開
時，心情似乎略有好轉，至少他隨後寄來的四封信給我這樣的
感覺。

接下來幾個月，我特別撥出時間來即時回覆舒的詢問，而

傑夫也特別反覆檢查寄給舒的貨物。舒終於開心了，至少維持了一陣子。他在其中一封信寫道：「我對情況改善的方向感到滿意。在所知的記憶裡，這甚至可能是是我頭一次沒有怨言。」

　　但是生意上又有別的事情需要我全神貫注，於是給予舒的注意力漸漸消減。我內心深處知道，舒的怒火將會很快席捲而來。總是如此！

| 18 |

父親、死亡以及新的經銷商

　　增加曝光度並不總是好事，尤其是牽扯到經營不善的生意，有時候你可能會名譽掃地。幸運的是，當 Reebok 在羅倫斯體育殞落的故事中被提及的時候，反倒帶來了意料之外的正面結果。

　　卡特・波卡克（Carter Pocock）是倫敦的體育用品量販經銷商，代理的商品包括鄧祿普（Dunlop）的 Green Flash 運動鞋。在 Reebok 連同羅倫斯體育倒閉的消息一起被報導出來之後，他們就一直關注我們的後續發展。他們不認為我們有連帶責任，反而是從別的角度來看我們。他們的高層認為，既然 Reebok 能跟當時備受敬重的大公司合作，必定是個值得注意的品牌。

　　在持續擴張的路跑利基市場中，Reebok 是唯一具有公信力的英國運動鞋廠商。廣大的群眾之所以在這個關鍵的時間點認識 Reebok，就是因為羅倫斯體育倒閉的相關報導。這是負

面困境轉化為適時好運的完美例子。

這間倫敦公司必須跟上路跑風潮，認為跟唯一在此領域具有影響力的英國廠商合作能夠獲益。卡特・波卡克的常務董事萊恩・甘利（Len Ganley）打了一通電話給我，問我是否有興趣討論 Reebok 在英國本土的經銷。

多虧了跟羅倫斯體育共事的經驗，我現在對於應該找尋什麼樣的經銷商比較有經驗了，當然某種程度上也歸功於跟舒朗恩的共事。不能只是把所有鞋款介紹給更廣大的受眾而已，我們還需要資金挹注以及廣告預算。

我需要做點研究。卡特・波卡克的知名之處在於量販，而非經銷。所以如果要跟萊恩會面，我必須提出正確的問題。英國市場佔了我們營收的百分之八十五：我還能再次賭上那麼多嗎？只是跟萊恩見一面應該不會有什麼損失，於是我們約在他們靠近倫敦象堡的廠區見面。

我對所見所聞甚感滿意。他們有大批業務員在全國各地奔走，代表我們的產品將能廣為曝光，他們也會指派一位專門負責 Reebok 的品牌經理。透過 Reebok 賺進的營收，也會撥出百分之五到行銷預算。我思索片刻，然後帶著騎士精神的樂觀握手同意合作，文件部分則交給我長久以來信賴的法務德瑞克・沃勒。

我不是很放心，但認為自己應該從前車之鑑得到夠多的教訓，能夠察覺任何會讓經銷嘎然而止的警訊。至少，我希望自

己已經學到夠多了。

我必須密切關注經銷的整體情形，所以每隔一週的週五，我都會在清晨四點從博爾頓開車到倫敦去監控他們的銷售與訂單。我也確保他們持續把說好的資源投入 Reebok，同時注意所有可能為生產鏈帶來危機的跡象。然後我會在晚間跳上車，開四個小時回到博爾頓，腦子裡滿是如何在英國提升銷量以及品牌知名度的構想。接著，我再費力處理舒從美國寄來的信件以及用電報打來的訂單。

沒往南方開車的週末，我跟琴會帶著凱以及大衛去湖區，我的父母在溫德米爾湖有一台宿營拖車還有一艘小船，或者我們會跟琴的父母一起到黑潭或紹斯波特的海邊一日遊。

我跟父親的關係如今恢復到接近正常的狀態——正常歸正常，我們會一起待在湖邊，有時一起去酒吧，但還是話不投機半句多。他仍在博爾頓的莫寧頓路上經營一間小運動運品店，當我偶爾造訪，我們會交換幾句關於生意的寒暄，但我發現最好還是不要觸及這個話題。每當提及福斯特，我就能從他下巴肌肉的緊繃與嘴唇的微彎看出我們之間並非真的前嫌盡釋。

很遺憾他仍在記仇。倘若情況不是這樣，也許我跟琴會花更多時間跟我的父母親相處，而不是她的父母親。誰知道呢？我猜我心底希望父親對 Reebok 有多點興趣，但那就代表要他對我有多點興趣。已經六十八歲的他又怎麼可能突然改變一輩子對我不感興趣的習慣呢？

他的健康狀態不是太好，前一年有過一次輕度的心臟病發，而心裡懷抱這份不滿也對減少壓力沒有幫助。所以當我在某天早上接到母親來電，說父親再度心臟病發，我並不感到十分詫異。這一次要了他的命。

一直以來，我都覺得自己的存在對父親來說是一種不便。諷刺的是，他辭世的時間點對所有的家人都造成「不便」。弟弟約翰的婚禮將在五天後舉行。西裝與禮帽租了，禮服買了，場地費用付了，餐點也安排了。儘管父親走了，母親堅持婚禮仍照常舉行。於是慶祝過後兩天，我跟琴、凱、大衛、傑夫、約翰以及所有家人聚在博爾頓火葬場送父親最後一程，各自深陷肅穆的沉思。

凱跟大衛坐在我們旁邊的板凳上，沒有太多情緒起伏，他們不常跟我的雙親相處。母親不曾表現想要孫子陪在身旁的意願，無論是為了給我跟琴一點休息時間，或是為了當一個寵孫的祖母。她多次向我強調：「我把你帶大時不曾有人幫忙，為什麼你帶孩子就需要人幫？」然而想必父親很喜歡孫女，即便沒有明說，畢竟父親把他在湖上的船取名為凱。

父親的離去讓我傷心，但我主要是為了母親而哀悼。我跟父親從不親近，沒有太深厚的情感。我已經習慣這樣的關係，你可以把他想像成一個不常見到的叔叔，你知道他是家人，但他對你的生活沒有太多影響。關於所謂的父子關係，這是我習以為常的，也是父親習以為常的，而且也很可能是祖父喬習以

為常的。父親的離世對我的情緒跟思維都沒有產生太大影響，只是為母親感到遺憾。她失去的是人生伴侶，我失去的是證明父親錯誤的機會。生活運轉如常，生意亦然。

一九七六年末，跟卡特・波卡克大概合作了二十四個月之後，雙方對彼此的信心都足夠了，於是他們詢問可否擴大我們之間的協議。他們想在行銷合約裡涵蓋服飾系列。這是件好事，因為可以為 Reebok 帶來更多營收，但卻也需要我投入更多時間，而時間對現在的我來說可是珍稀商品。

我能理解要我參與的邏輯與可能帶來的益處，畢竟我曾經開創 Leatherflair，但這項額外計畫又會讓我稍微偏離首要目標，也就是敲開美國的大門。諸多討論之後，我們決定最好的做法就是以授權執照的方式外包製造。

卡特・波卡克指派了一位服飾產品經理（老闆的女兒克莉絲汀・波卡克〔Christine Pocock〕），她的工作就是監督整個生產線，所以理論上應該可以減少我的工作量。然而並非如此。任何外部的廠商想要使用 Reebok 的名字與商標都必須取得執照，而這需要我的首肯。為了保護 Reebok 這個品牌，我也得親自檢視服飾產品線裡的每一件衣服。為了做到這些，唯一的方式就是增加前往南部的次數，於是星期五的南下之旅從原本的兩週一次成了每週一次。

每週五都要長途跋涉的我到了週末晚上往往累到不想跟朋友去附近的酒吧，反而偏好把時間花在園藝上，或是完成琴在

那一週交代的手做任務。獨處的時間給了我些許肉體上的放鬆，但我的心理仍加足馬力工作著，整顆心都放在 Reebok 上，試圖解決舒朗恩跟進展極度有限的美國行銷難題

　　琴很支持我，也了解我需要一個人的時間思考。她知道我們有更遠大的目標，也知道要投入多少努力方能達到。當她發現我陷入沉思，就會自己帶著十五歲的凱跟九歲的大衛出遊。我在週末的思考時間對於 Reebok 的發展是不可或缺的，這卻也代表了對家庭時間的犧牲。這是我的作為，必須承受的卻是琴跟兩個孩子。

　　無可否認，我心心念念的生意佔據了所有清醒的時間，有時甚至包括睡眠的時間。我不是要為自己的作為辯護，但這就是公司成長的方式，而且公司也仍在成長。我一次要弄太多顆球，只要略有閃神，恐怕會滿盤皆輸。我已經成為自身成就的囚徒，這對正要展翅高飛的企業家來說是真正的危險。

※　　※　　※

　　考量到與羅倫斯體育共事的經驗，我現在覺得把生產跟行銷分開是合理的決定。在我們的律師德瑞克・沃勒的協助之下，我創立了一間新公司：Reebok 國際有限公司（Reebok International Limited）。除了保護工廠之外，我也覺得這個名字比較莊重，比較配得上頻率漸高的海外尋覓經銷商任務。

　　我知道舒在有限的資源之下盡了他的全力，但成果似乎很

有限。感覺起來他就只是一個進口商，需要我們滿足零星的訂單，而且只要稍有不順就會大聲吵嚷。我再次把他的需求推到優先順序的最末端，果不其然，紛爭的烽火隨之而起。彷彿我只是稍稍把腳從油門上移開，他就馬上知道了，就算只有移開一點點。

　　他最新的抱怨是缺乏型錄。「你大概是唯一沒有為產品提供任何宣傳資料的廠商。」他在一封格外冗長的信件裡這麼寫，其實不無道理。「我說過我**本來願意準備**小冊子。」他繼續寫道：「但仔細想想，我覺得這應該是你的責任，不是我的。我想到去年我們在照片與藝術設計上投資了兩百美金，最後卻在一個月後發現照片上的鞋款都被撤掉或換掉。我不打算重蹈覆轍。」

　　然而，那封信的最後一句確實一針見血。「……喬，你不能只是打造出優秀的鞋子，然後要這個世界披荊斬棘才能來到你的門前。」他懷抱的不滿就是我在為父親與比爾工作時所懷抱的不滿。舒朗恩是否就像一九五〇年代那個有志難伸的我，因為掌權的人磨磨蹭蹭而無法快步前進？

　　這不得不讓我反思，父親是否真的不願意擴展他的公司，還是跟現在的我一樣，時間跟注意力都花在維持當下的商業規模，無暇追求進步。也許我誤會他了。無論如何，我不會落入同樣的陷阱。我知道白花花的銀子都在美國，而這正好提醒我不要分心，就算要為此迎合舒的要求也無妨。他是我當前唯一

的希望。少了我的支持，他跟我都沒有機會建立橫跨全美的經銷。又一次，我回信道歉，並且承諾支持。不一樣的是，這次我是認真的。

我向舒承諾他會繼續擔任我們在美國的專屬經銷商，而所有從他負責區域（也就是美國的東北部）寄來的洽詢，我都會轉手給他。至於他負責區域之外的商家，他們可以選擇直接跟我們做買賣，但是價格會比舒的價格高出百分之二十五。**我這邊的**宣傳策略包含直接對學校與運動員行銷，加上由我付費的定期廣告，刊登在英國的《田徑週刊》以及美國的《跑者世界》，而舒如果要自己打廣告，必須自行付費。他似乎頗為滿意，而我們都準備好迎接「嶄新的開始」。

英國的現金流狀況改善之後，我也著手進行形象打造計畫，包括印有圖樣的聚乙烯鞋袋、展示型廣告、新設計的鞋標，以及介紹全系列鞋款的小冊子。對於公司闖進美國的機會，我的信心大增，彷彿開了渦輪增壓。有了全新的活力與努力，我相信一切只是時間早晚的問題。

| 19 |

回到原點

舒繼續挨家挨戶敲門,把 Reebok 之名傳播到美國市場的某些部分。然而,當幾個月變成一年,達成的進展顯然不大。Tiger 在美國有五個經銷商,Adidas 有四個,就連 Brooks 這種比較小的品牌也至少有兩個。如果真的要有所成就,我們就必須增添更多經銷商來讓流向大西洋彼岸的鞋量變成兩倍或三倍。這需要廣告費用,會讓我們本就拮据的財務更為吃緊。這些經銷商還要設法敲開店門,讓更多商家願意投資不知名的廠牌,而我們已經見識過說服商家接受消費者不認識的鞋子有多麼困難。事實上,舒最近採用的招式是在接洽店老闆之前,先安排「顧客」打電話去店裡詢問有沒有賣 Reebok

或者,我想我們也可以在美國設立 Reebok 國際有限公司,在當地擁有一間公司能給我們更多力度。倘若英國的 Reebok 要擁有百分之百的所有權,就需要立即的資金挹注。所以這是注定失敗的構想,我們根本沒有那種錢。

於是我向舒朗恩提議，我可以設法招募更多經銷商，或者更好的是，我跟傑夫可以與他共同擁有 Reebok 的美國公司。我解釋後者的諸多好處。「這將會為你、英國的 Reebok 以及工廠帶來行銷面的保障。這樣一來，我們就不需要在不同名稱的偽裝之下透過店家少量販賣。我們可以用 Reebok 的身分直接進行郵購或是販售給學校、俱樂部與店家。」

我可以從電話另一頭的沉默中察覺到舒有興趣。他很少沉默。他對所有事情都會立刻開口回應，對多數想法都會立刻反唇相譏。

我接著說：「關於廣告、型錄以及系列鞋款的問題都會消失。」生意的這三個面向都會交由美國的舒處理，不需要我這邊的介入，也不需要我這邊的資金。「我們同在一條船上，同在一個名字底下。你怎麼想？要合夥嗎？」

電話另一頭又是一陣靜默。我開始覺得自己運氣不錯，舒應該會答應。這似乎是前進的唯一之道，集結資源，更重要的是，集結資金。然後，無可避免的嗆聲隨之而來。或者我應該用複數？很多很多嗆聲。

「喬，世上沒有經銷商需要忍受你那些古怪可笑的行徑。」舒開始發難：「我搞行銷已經十八年了。有很多次經銷商或是進口商都可以拒絕付款給你，因為你寄送錯誤的鞋款，或是寄送有瑕疵的鞋款，或是等了七個月，對，喬，你沒聽錯，就是七個月，等了七個月才收到虧欠的兩千美金。」

我試圖安撫，但他依然盛氣凌人。

「換做其他人，誰會願意花費時間與精力重新包裝三百雙有瑕疵的鞋，再把它們寄回工廠？換做其他人，誰會不辭辛勞為一百三十雙鞋印上『英國製』，只因為傑夫或是你們工廠的哪個人忘了印，然後再開六十英里的貨車把它們送到海關重新送檢？」

我無法否認自己確實讓舒經歷一些窘境，多半都是我的錯，但我未曾跟他說過這會是一份簡單的工作。我們的公司仍處於成長期，一邊飛翔一邊讓羽翼成熟。他期待什麼？Nike到達現在的地位絕非平步青雲，一定也經歷過類似的意外挫折。我告訴舒：「我們是探索新領域的先驅，我們必須預料到預料之外的事。Nike也曾犯錯，但他們挺過去了。看看現在的他們。」

「為了預售商品，Nike在廣告上斥資好幾萬，甚至好幾十萬。」他反駁：「這就是他們成為龍頭的原因。」

我似乎誤解了舒的沉默，也許他之所以說不出話是訝異於我竟然有膽做出此等提議。聽起來他確實受夠這一切了。若真如此，是時候把話說白了。除了對一個沒在經銷的經銷商曉之以理之外，我還有一百萬件事情要做。「所以我想你應該是沒興趣，對吧？」

「如果我覺得有利可圖，我會對合資企業有興趣。然而條件跟形式都必須配合，而且大概要再等一年。」

接著他一條條列出合夥的條件，其中包括確切而穩定的系列鞋款。確實，我們過去幾年來開發了太多鞋款，又拋棄了太多鞋款。我們必須把全部心血投注在精選鞋款上。舒也堅持要有廣告、持續的行銷活動以及更吸引人的型錄，重點是他要我負擔所有費用。

「我的構想是**合資**企業。」我說，特別強調「合資」二字。

「除了你之外的廠商都會支付行銷與廣告費用。」他說：「他們會負責所有開銷，而且會把經銷商的名字列在廣告上。」

他又提出更多「基本需求」，包括更好的工廠品管以及更穩定的價格，還要我們設法幫助他把鞋款介紹給知名的運動員與教練。我知道這些都是我們必須做的，但我一次能做的事就這麼多。英國的營業額飛快成長，我們漸漸追上 Adidas 跟其他品牌。大西洋此端的成功讓我相信自己在本土的作為是正確的，但透過親自造訪以及跟舒的聯繫愈來愈了解美國市場之後，我明白在英國生效的策略在美國不見得能行得通。那是一個非常不同的賽場，而我還不完全理解那裡的遊戲規則。正因如此，我需要舒這樣的人。

一九七六年耶誕期間，我們持續熱烈討論。我想要找到合夥的方式。舒是一個好人，誠實而且忠心。我需要他在我的隊上。我在美國沒有別人了。

我們約好新年繼續談，最後做出決定的人是我。關於合資企業，我改變了主意。我跟傑夫一定要擁有完整的掌控權，而我也清楚舒沒有必要的資源。他是一人團隊，獨自在地下室工作，沒有為倉儲與配銷取得額外資金的任何管道。於是我們達成新的協議，基本上有點像是維持現狀。也就是說，我仍要負擔廣告開銷。為了改善現金流，我也決定舒的款項不得延後，必須在下訂單的同時支付。此外我也跟他說我會在全美另外找尋四名經銷商，但在他們就位之前，我會在前三次《跑者世界》的半版廣告中把舒列為我們的專屬經銷商。

雖然與新經銷商有關的問題持續存在，主要是把鞋子送到他們手上，但廣告活動配上《跑者世界》的專文推薦在全美創造了興趣，銷量也隨之攀升。看到亮眼的成績，舒詢問能否攬下全美的經銷。這是我苦思良久的問題。我喜歡舒，但我也知道他沒有執行全美國營銷的足夠資本。我想最好還是由我來直接接洽其他經銷商，讓舒扮演統籌者的角色。

引進更多人員的時候往往會這樣，帶來的問題比解決的還要多。如果處理舒一個人的書信與訂單已經令我頭疼，好幾個進口商的持續通訊簡直是噪音轟炸。地盤紛爭讓我多了不少調解任務，而統一各處的訂價幾乎成了一份全職工作。

某次我在阿克寧頓抓住一個從天而降的良機，就在距離伯里工廠十英里之處，一位赴英探望母親的美國女子前來詢問是否可以帶運動鞋回去加州給她自己跟男友穿。交談之後，原來

她就住在洛杉磯。我發現這是一個機會。

　　我考慮要寄送某些鞋款給《跑者世界》的編輯喬·韓德森（Joe Henderson），作為該刊物極具影響力的鞋款評比之用。然而聯繫美國各個經銷商的工作繁重，導致我一直沒能寄出鞋款，後來漸漸淡忘此事。期限將至，而我知道就算現在寄出，也不能保證鞋子能及時送達。這位女子人非常好，答應親自幫我把樣品鞋帶回加州，然後把它們寄到喬的辦公室。

　　其後，舒收到《跑者世界》確認收到鞋款的信，他們認為送鞋的男人應該是新任的 Reebok 西岸經銷商。其實那個男人是上述那個女子的男友，只是單純幫我們一個忙而已。但舒認為我們在未告知他的情況下在加州雇用了新的經銷商，因此火冒三丈。

　　除了這個事件之外，試圖維持東西岸版圖行銷的同時，廣告開支已經破錶。在針對運動員的廣告上，只有 Adidas 花的錢比我們還多。我在美國也遇到嚴重的關稅問題，然後傑夫說我們又有新的商標糾紛，因為 Puma 覺得我們的線條跟他們的太接近。

　　感覺起來好像刻意要測試看看我到底能承受多少壓力。傑夫盡所能為我分攤，但多數的問題還是必須交由我來處理。我創造了一個無止盡的壓力循環。更多廣告帶來更多有興趣的經銷商，然後這些經銷商會在帶來更多銷量之前就帶來更多工作（以及問題）。到了這個份上，我覺得自己的工作不是製鞋，

而是救火。而且每次設法撲滅一處，背後就有另一處快要燒起來。

我已經沒有時間、金錢與耐性去處理這群經銷商。其中一個突然音訊全無，而且欠了公司一千美金；另一個連說都不說一聲就逕自結束合作關係。我停掉《跑者世界》的廣告，把整個美國奉送給舒，前提是他要負責從定價到廣告的一切。

從舒的角度看，他覺得這代表他要在沒有我們協助的狀況之下幫 Reebok 賣鞋。這跟事實也確實相去不遠，當時的我還沒有敲開美國的資源。如果舒想要用**他的**資金加上我們的鞋子來嘗試，非常歡迎。結果他不願意。於是，經過五年的嘗試，我們在一九七七年的十二月撤掉了美國的營運。在打入美國市場這件事上，我們可說是回到原點了。

| 20 |

命中注定

　　我永遠搞不懂為什麼美國運動製品協會展覽要辦在二月的芝加哥。你想想看，芝加哥耶？二月耶？我猜大概是因為多數的體育用品零售商都位在東北部，所以對他們來說比較方便吧？但是一年的這個時段裡，在美國應該很難找比芝加哥更不適合舉辦國際展覽會的城市了。總是冷到誇張，寒風刺骨，而且往往免不了跟暴風雪對抗。我懷疑有任何一個代表團成員會期待推著一車樣品穿過這座風城去參加世界上最大的體育用品貿易展。

　　想當然耳，惡劣的天氣為參展者帶來各種挑戰。他們只想出一趟沒有麻煩的差，在溫暖的會場架設攤位，談成幾項新協議，然後趕緊收工回家。我的參展經驗總是一波三折。

　　在一九七七年的參展之旅，把我載回旅館的巴士突然在車陣中停下，擋風玻璃上的雨刷難以移除遮蔽駕駛視線的霜雪。整整半個小時，我跟其他乘客靜默坐著，看著前方車子的輪胎

在雪裡愈陷愈深，顯然短時間之內我們哪裡都去不了。最後，駕駛站起來宣布說車子無法繼續前行。車門嘶一聲打開，他請我們下車。

我在暴風雪中狂奔到最近旅館的大廳，詢問門廊我下榻的旅館還有多少距離。答案是遠到無法用走的抵達，尤其在當前負十五度的氣溫之下。透過旅館因蒸氣而模糊的窗戶，我看見一台計程車靠路邊停下，剛剛跟我一起坐巴士的某個乘客正要上車。從行李的形狀判斷，他很可能也是展覽會的代表團員。我決定衝去跟他搭同一台計程車，應該有同業之情嘛。

我立起羊皮外套的領子，穿過旋轉門，踏入冰冷的寒風之中，卻眼睜睜看著那台計程車開走。當我呆立望著對街的擁擠交通，另一台計程車靠邊停下，一群日本商人下車，在我急著越過他們擠上車時不斷跟我鞠躬。我對這窘境開了個玩笑，但司機顯然沒有心情閒聊。等我在旅館溫暖的房間打開電視才知道交通陷入混亂的原因。電視螢幕上，閃著光的救護車與消防車在破碎的殘骸周圍狂亂來去。神情肅穆的記者敘述高架環狀線上的火車如何因為惡劣的天候而出軌。到了早上，已經十一死一百八十傷。二月的芝加哥不只是挑戰而已，有時甚至是生存之戰。

展覽每隔三年會休息一次，然而雖未明言，大家都清楚展覽其實搬到休士頓了。展覽時段相同，但情況溫和多了。理論上這應該會讓旅程少掉許多麻煩，對多數的出席者來說應該是

如此，但之於我例外。我的美國運動製品協會展覽似乎受到詛咒，無論由哪座城市主辦都一樣。

　　首次前往休士頓，我第二段從甘迺迪機場到德州的航程在我登機報到之後就因濃霧而取消。得知裝滿展覽會必需品的行李會被送上飛往休士頓的下一班飛機，我被安排搭上紅眼班機，在抵達最終目的地之前停了不下五次。他們抱持的希望是，飛到休士頓的時候，濃霧已經散去。

　　儘管缺乏睡眠，我還是設法讓興致保持高昂，主要是靠航程中的幾杯烈酒，而飛機終於開始朝著休士頓下降。五分鐘之後，飛機又從休士頓爬升，飛行員同時宣布機場的霧還是太濃，所以必須返回達拉斯的沃斯堡（Fort Worth）。

　　我坐在機場休息室盯著手錶，本來這時間我應該在設置攤位。實在浪費了不少珍貴的時間。兩個小時後，我被告知休士頓的能見度改善，於是再次登上飛機。

　　能見度確實改善了，但休士頓的行李區堪稱災難現場。機場關閉了七十二小時，來的都是無主行李。沒有乘客領取，所有箱子包包全被扔在一起，堆成二十呎高的行李山。要從哪找起？

　　我加入「搜山」的絕望群眾。幸好我的四個包包比較好認，都有粗體的白色 Reebok 字樣印在黑色皮革上。我抓起它們往出口走去。

　　我跟時常載展覽會代表團員往返機場的司機分享這個史詩

級的故事。在我們穿過市區交通的過程中，他靜靜聽著，隨著內容時點頭或挑眉。我下車的時候，他開心跟我道別，然後拉起褲管秀出一把手槍，跟我說：「你最好小心一點，聽到了嗎？」

已經焦慮爆表的我隨後得知半數的英國代表團員都尚未抵達太空巨蛋體育館（Astrodome），想必還在行李山裡尋覓自己的展覽樣品。

下一次的休士頓之旅也沒有比較順遂。在英國少數休假的日子裡，我竟然因為打羽球而撕裂了阿基里斯腱，當時距離出發前往美國運動製品協會展覽只剩四天。但是我堅決不錯過展覽，於是經過朋友的朋友所做的緊急治療之後，我的腳上打著石膏，腋下夾著拐杖，登上前往德州的飛機。

縱使多數時間都在會議與會議之間跛行，我在那趟旅程中確實遇到幾個有趣的人，包括布萊恩・佛尼（Brian Fernee）。這個僑民在洛杉磯設立了三家廣播電台。他急著想跟我合作，也在某次午餐聚會上想出一個點子：創立一間叫做「加州跑者」的新公司來接管美國的經銷業務。他真的知道自己在做什麼，而且極具說服力，有一種很加州的風格。難道我找到救星了嗎？

回到英國，我跟傑夫花了幾個月打造一款名叫「加州跑者」的鞋子。我們認為若有一雙專屬新鞋與新公司互相輝映，應該會對布萊恩有所助益。接著，我又花了些時間待在洛杉磯

協助創業計畫。我甚至註冊了社會福利，布萊恩說倘若未來要
移民美國會有用。當時我還看不到移民的可能性，但誰知道未
來會有什麼發展呢？為了讓一切就緒，我已經投入不少資金，
不只頻繁往返英美，也用我們的製作資源來幫助他推出專屬鞋
款。萬事俱備，西岸的經銷看來前程似錦。結果是，我終究沒
有移民，布萊恩的大計也終究沒有成功。儘管投入了時間與金
錢，這項計畫幾乎在啟動的剎那就宣告失敗。布萊恩是個好
人，本身也是個跑者。但他有的是熱忱，不是經銷的經驗。又
一次，在美國發達的希望跟我的阿基里斯腱一樣碎裂了。

| 21 |

救火員費爾曼

　　故事、寓言與傳說裡的歷程往往如此，主角會在蜿蜒的路途中遇上守門人，這些人掌握著可以讓你繼續往命運前進的鑰匙。少了這些守門人，道路就變成無盡的迴圈，像是沒有出口的環形路。主角的挑戰在於，一路上會遇到許多人，卻不知道哪些人握有鑰匙。主角不知道守門人的樣貌，也不知道他們會在哪裡出沒。常常要靠緣分，或者說是好運來促成相遇。

　　縱使真的遇上，主角也不知道對方是不是假的守門人，準備把自己引入歧途。有太多能讓主角走錯路的阻礙，所以在萬事俱備的狀況下打開下一道門，簡直算得上一種奇蹟。

　　要找到正確的鑰匙持有者只有一個方法，就是盡可能踏入更多局，盡可能結識更多人。人脈是一種數字遊戲。有時候用不了幾分鐘你就有幸在對的時機遇上對的人，有時候花了好幾年也未必碰得上。但你必須相信守門人確實存在某處，而找出他或她就是你的任務。

　　我第一次遇見保羅‧費爾曼是在一九七九年的美國運動製品協會展覽。當時的我當然不會知道，參加這場二月展覽會的數千名商人之中，看似無足輕重的兩個陌生人相遇將會推動命運的齒輪，不只形塑了我往後的人生，也改變未來數十年全球體育用品界的整體樣貌。

　　保羅跟他的公司 Boston Camping 一同與會，而我則再次代表英國貿易局出席。英國四百公尺賽事巨星大衛‧詹金斯（David Jenkins）也是代表團成員之一，他把保羅帶到攤位上介紹我們認識。保羅沉著從容，面容看起來很年輕。我可以從粗大的身形看出他不是一個跑者。跟保羅談話很愉快，我們聊了半個小時左右，我得知他是曾經嘗試成為職業高爾夫選手的大學輟學生。

　　對話很有意思，但沒什麼具體成果。然而心底深處有個聲音告訴我，這段閒聊不只是商場禮儀而已。保羅表達了對市場的真誠興趣，還有對我們的。從他提出的問題可以明顯感受到他很聰明，而且真心對 Reebok 以及我們的市場有興趣。他的事業是戶外活動的利基市場，不是運動用品，而且他的經銷經驗也侷限於美國的東北部。但就是有點說不上來的什麼，我看著他消失人群裡時在心裡這樣想著。這個念頭讓我追了上去，跟他相約下一次見面，因為我有個構想。其實我沒有，但我確實感覺再跟他見一面會有好事發生。我們說好春季在他波士頓的辦公室與展銷廳見面。

　　我們還是沒從美國運動製品協會展覽得到什麼訂單，但總算吸引到一些注意。長久以來，在美國缺乏存在感這件事一直是個絆腳石。跟我會面洽談的通常都是小型或中型的零售商，所以當 Kmart 的一個主管蒞臨攤位，而且似乎真心對產品有興趣時，我真的嚇到了。他問了幾個問題，檢視了樣品鞋，然後要求日後會面。Kmart 竟然想要見我。Kmart 耶！

　　回到英國之後，我大可以透過電話跟保羅・費爾曼以及 Kmart 聯繫，絕對比搭機往返大西洋兩端便宜許多，然而兩者對 Reebok 來說都有可能成為巨大的轉捩點。跟 Kmart 簽約會是大事。至於保羅？我不太確定，但直覺告訴我，我有可能遇見了我的守門人。我需要展現我的誠意，也要看他們是否真有誠意與 Reebok 共事。只有一個方法可以做到：面對面。

　　一九七九年五月，我搭上英國航空，再次前往美國。那年我飛了美國四趟，這是第二趟。我必須解決我對保羅・費爾曼的好奇心，也希望跟 Kmart 談成足以改變一切的協議。保羅是有興趣的，我可以確定這點，而我感覺他能夠搭起我們需要的橋樑。但這都只是直覺而已。

　　引擎咆哮，飛機在跑道上加速。我閉上眼睛，放膽想像這趟旅程就是解答，待我穿過雲層回到曼徹斯特，我們將不只擁有一只經銷合約，還要供應全美最大的連鎖商場之一。若真如此，一直阻擋 Reebok 向上的玻璃屋頂將被粉碎。

　　第一段航程的目的地是底特律，我將在 Kmart 的總部辦

公室跟採購人員見面。豪華的接待區裡，一位年輕女子指向停車場另一端的平凡建築，看起來跟普通倉庫沒兩樣。「從綠色側門進去，找到 F 排的 35 桌。祝你順利。」她微笑說著，牙齒完美，眼睛發亮，全身上下都無懈可擊，但缺少屬於自己的性格。

我望向倉庫，又回頭看這個微笑的女人。「那裡嗎？」

她點頭，依然保持微笑。「F 排，35 桌。」她把資訊寫在黃色便條紙上遞給我，纖細的手指上擦有猩紅色的指甲油。我想那些指甲也是假的。

打開綠門，裡面看來確實就像倉庫，一排一排的辦公桌一路延伸到對面的牆壁。每個辦公桌都有相同的配備，白色的塑膠收發文件盤以及筆筒，灰色書擋之間整齊放著一本本紅色活頁夾。每個辦公桌後面都坐著一個穿西裝的男人或是穿套裝的女人，不是抓著電話緊貼耳朵就是在打字機上瘋狂敲打。我低頭看手上的便條紙，再抬頭看屋頂上垂吊的掛牌。

我在 F 排右轉，往 35 桌走去。採購人員示意我坐下，等他講完電話。我環顧四周，感到目眩神迷。我從未看過這樣的景象，如此冷漠無生氣，猶如集約畜牧業的養雞場。

他注意到我的視線，微笑解釋：「這樣比較省空間，運作起來似乎也不錯。」我們行禮如儀寒暄了一會兒，交換著沒有深度的言語，然後才進入正題。

「我們喜歡你的產品，第一波出貨至少要兩萬五千雙。」

他停頓片刻，繼續盯著我的雙眼。「但是，你開的價錢太高了。」

我不想理會關於價錢那句，真正讓我擔憂的是生產規模。價錢都可以再談。「你說兩萬五千雙嗎？」我試著讓聲音聽起來平穩。

「對，只是第一張訂單啦。別擔心，我們一開始都會訂比較少。」

當時，我們的小工廠一週大概只生產兩千雙鞋。附近有帕克鞋廠之類的工廠可以幫忙，但就算他們有時間與空間提供協助，也不可能達到如此巨大的數量。絕對不可能！

我說：「沒問題。」

「那價錢的部分呢？」

我很清楚我們的淨利率，但對方準備要付的價格與我們的開價差距不小，要很勉強才能擠出利潤。我們的生產成本不容許太多議價空間。況且，縱使登上 Kmart 的貨架能給我們更高的曝光率，他們不見得會宣傳我們的品牌。對他們來說，Reebok 就只是架上某雙鞋而已。

Kmart 這種商場在乎的只有每平方呎的營業額。倘若我們的貨架空間產出的利潤可以令他們接受，他們就會持續下訂單，而我們也會持續在 Kmart 的店面裡佔據一席之地。反之，倘若利潤無法與貨架上的其他商品匹敵，他們就不會繼續下訂單。就算真能設法降低成本，這份合約也不適合當時的我

們。當然，那筆收入會很有用，但若要真的進步，我們需要找到積極推廣品牌的對象，不能只是單純進貨而已。

　　Nike 的鞋來自遠東，所以能大幅降低成本。多數街頭鞋款廠商都已經把生產線移到東南亞，我們也必須探查這樣做的可能性。有些門已經開啟，就像 Kmart 的例子，但顯然 Reebok 還沒準備好走進去……目前還沒。要對抗那些巨頭，我們就必須**成為**巨頭之一。我們需要生產製造的資源、低成本大量購買的能力以及巨大的信用額度，但當時的我們還沒有。

　　下一站，我要飛去波士頓到 Boston Camping 的辦公室與展銷廳與保羅・費爾曼見面。景象與氛圍跟 Kmart 的會面可說有著天淵之別。比起規模，馬上打動我的是這間公司的溫暖與真誠。他們給人專業的感覺，卻與 Kmart 的冰冷大異其趣。在釣竿、帳篷與野炊爐具的圍繞之中，保羅先介紹他的合夥人給我認識，也就是他的弟弟與妹婿，接著再引介其他工作人員：一名銷售負責人跟兩名處理行政的女生。

　　公司的規模不大，遠比我想像的小，也絕對比在芝加哥初見時保羅所描述的「組織」小多了。

　　我的自尊因為 Kmart 的興趣而膨脹，所以完全不掩飾我對保羅事業規模之小的失望。儘管我的態度倨傲，對於雙方合作抱持疑慮的人卻是保羅。首先，他想到英國探查 Reebok 在路跑賽事中的能見度。此外，《跑者世界》將在一兩個月後公布最新的跑鞋排名，保羅跟我一樣，想要知道哪個品牌稱霸榜

單。我猜應該又是 Nike，但至少我們可以試試。

《跑者世界》創刊於一九六六年，當時的名字是《*Distance Running News*》，起初只是摺疊起來的黑白報紙，基本上只報導三個品牌：Nike、New Balance 以及 Tiger。現在的《跑者世界》是用高級亮光紙印刷的全彩雜誌，對跑步圈的販售者與消費者兩端都有巨大影響力。這份刊物被零售商與跑者視為聖經，在路跑領域尤其如此。

雜誌的發行人鮑勃・安德森（Bob Anderson）跟先引進 Tiger 又創立 Nike 的菲爾・奈特私下很熟，畢竟奧瑞岡就在不遠處。我猜想兩人的關係對於刊物地位的飛躍成長助益匪淺，但這份刊物的流行確實也讓其他品牌有更多機會透過廣告以及每年的跑鞋排行榜被消費者看見。

本來排行榜是這樣運作的：各家廠商把鞋子寄給雜誌測試，他們仔細檢視每一雙參賽鞋款之後，把年度第一名的獎項頒發給其中一雙。讀者超愛這套。

然而，因為《跑者世界》影響力巨大，這份年度的偏好背書為廠商與零售商帶來各式各樣的問題。被冠上年度第一名的鞋款會立刻成為跑者的必買商品，零售商馬上向廠商下訂單，能訂多少就訂多少。為了滿足突如其來的大量需求，廠商必須對整個生產線做出調整。如果工廠是品牌自有的，幾乎不可能快速提升產能去滿足這些吵嚷要求，最初反應到實際生產之間可能會有長達六個月的時間差。對於 Nike 這種所有鞋子都從

日本進口的公司來說，試圖安排額外的生產與運送將為世界兩頭都帶來麻煩。

　　一年之後，新的鞋款登上王座，零售商那裡還留有一箱箱去年的冠軍鞋，而廠商又要手忙腳亂開始增加這款新鞋的產量。於是這個問題持續存在，年復一年，沒有盡頭。

　　聽多了業界的抱怨，鮑勃同意改變排行榜的形式，以一到五顆星評鑑，至少會有兩三款鞋同時在不同的項目得到五顆星。這減少了某款鞋子突如其來的壟斷，也讓不同鞋款的供需變得比較平衡。

　　Reebok 必須在榜上得到頂尖評價。保羅需要我們攻佔排行榜，或至少有一雙評價頂尖的鞋款可供行銷。但是要怎麼做呢？在滿是巨頭的領域裡，我們的規模相對小，供應比較少的鞋款給比較少間公司。而且，我們還是「外人」，我們是唯一在《跑者世界》刊登廣告並受其評比的英國運動鞋公司。我們像是越過自身量級參賽的拳擊手，但現在必須更用力出拳。是時候帶著重砲站上擂台了。

　　但首先，我必須用我們的專業、效率以及規模讓保羅留下好印象。而我的做法是，把他帶到伯里那間簡樸的紅磚工廠。能出什麼錯呢？

| 22 |

等待遊戲

　　保羅抵達我們的工廠時心情很差。他痛恨坐飛機，也毫不隱藏自己厭惡英國夏天下不完的雨以及不周到的服務，而且在伯里待的兩日，每個人的英國口音都讓他聽得吃力。然而，最令保羅失望的是親眼看見我們小規模的營運。他覺得我們是越級參賽的選手，**我知道**我們是。但就像我跟保羅初次見面時他所做的，我也把 Reebok「說大了」，誇大我們的規模、聲譽以及訂單量。他顯然高估了我們在事業方面的進展，然而眼前的證據卻與他的預期相悖。但他跟我一樣，知道這就是所謂的話術。就算銀行帳戶不支持你的吹噓，你也不得不打腫臉充胖子。

　　唯一讓保羅留下深刻印象的是 Reebok 在我們參觀的三項路跑賽事裡的能見度。當我們站在一旁看著參賽跑者就定位，我看見保羅揚起眉毛輕輕點頭。多虧了先前徵招體育俱樂部成員為業務員的策略，從跑者身上的俱樂部背心到腳上的鞋款，

Reebok 簡直無所不在。更讓他驚喜的是，三項賽事的冠軍都穿著 Reebok 鞋穿過終點線。這並非巧合。我精心挑選帶保羅觀看的比賽，那些穿著 Reebok 的贏家幾乎篤定獲勝。

然而，對保羅來說這樣還不夠。他看出我們在英國當地的路跑賽事已有了立足點，但仍不足以藉此在美國打響名號。我們連在英國都無足輕重，到了美國更是默默無名。只有一個刺激的東西能夠引起美國零售商的興趣，而我們還需要等待好幾個星期，那就是《跑者世界》的年度跑鞋評比。當我把保羅載到曼徹斯特機場，他臨去前的最後一句話是：「只要 Reebok 有一雙鞋得到五顆星的評價，我就加入。」

我們已經在《跑者世界》刊登廣告多年，但只參加過前兩年的評比，兩次 Reebok 都沒被雜誌提及。Nike 雄霸榜單，追在後面的是 Brooks、Saucony、Etonic 跟 New Balance。但這一回，我的感覺不一樣。我對一款新鞋很有信心。我們專門為了一個目的設計了這款鞋，而且單純只為了這個目的——在《跑者世界》的評比中脫穎而出。

一九七〇年代後期的《跑者世界》影響力就是那麼大，隻手遮天決定了美國市場想要的鞋款。我花了三年時間研究雜誌上五星評價的鞋款，只要能夠結合柔軟避震、高度彈性、輕量材質以及耐操的鞋底，我們就有機會。我想，不只是有機會而已。

創新是關鍵，但也不能太過與眾不同，其中的平衡很難拿

捏。這款鞋必須跟大家一樣，卻又必須跟大家不一樣。我的意思是，這款鞋不只要符合上述所有條件，還要加入嶄新的科技與令人耳目一新的外觀。

Nike 成功證明了好幾次。透過《跑者世界》的評比，顛覆局勢的 Cortez 鞋款在一九七三年成了這間美國公司的金雞母。Cortez 融合了所有必要條件，但又添加了一個特殊原料，讓全部的基本性能更上層樓。Nike 從叫做 EVA（乙烯）的新化合物開發出一種灌入空氣的泡棉橡膠中底。這種 EVA 中底比橡膠輕，能提供更高的彈性，更為耐用，緩震效果也更好。

這款跑鞋的知名度給了 Nike 所需的跳板，讓他們接著推出更多創新產品，統治了未來六年的跑步市場。

其中一個例子是一九七四年的 Waffle Trainer 鞋款。Nike 的共同創辦人比爾‧鮑爾曼（Bill Bowerman）從自家廚房的鬆餅機取得靈感，創造出革命性的鞋底。據說某一天，他太太驚愕發現比爾把液態橡膠灌進鬆餅機裡，打開開關加熱，等著看成果。他忘記添加脫模劑，結果他的原型鞋底跟他太太的鬆餅機都毀了，這個代價很小。跟 Cortez 一樣，這款 Waffle Trainer 立刻成了熱銷商品，獨樹一格的鞋底紋路跟獨一無二的外型不只鞏固了 Nike 的地位，更從此改變路跑鞋款的結構。

我知道我們必須開發出更優秀的鞋底。Nike 從具有一塊塊凸起方塊的整片橡膠上裁切出 Waffle Trainer 的鞋底。因為

要配合鞋子的形狀來裁切,切到邊緣時會留下不完整的凸起方塊,那些地方時常磨損脫落。

花了不少時間,但我終於畫出能夠解決切割邊緣不齊的鞋底。要為不同尺寸的鞋子分別製模,對於 Nike 跟我們來說都太過昂貴。於是,我設計出符合不同尺寸的三組鞋底模具,這個設計讓邊緣變得比較俐落,鼎鼎大名的 Aztec 於焉誕生。

Aztec 鞋款堪稱融合七年跑鞋專業的巔峰之作。彈性、輕量、耐用、舒服,這雙由尼龍與麂皮製成的鞋子滿足跑鞋的所有條件,而且還多了一點巧思,我有信心可以成為雜誌評比的加分項──創新的鞋帶系統以及傾斜式鞋底。鞋子的顏色也很賞心悅目,有藍色、紅色以及黃色。

運動員最喜歡藍色,其次是白色。於是我們刻意以淺藍尼龍構成鞋身。傑夫選了紅色跟黃色來組成側邊的線條,這是很大膽的決定,我猜想他一定做過某些運動心理或是商業設計相關的研究才會想出這樣的顏色組合。他沒有。他若無其事地告訴我:「那時工廠只剩下這兩個顏色的布料。」

我們只寄送三款鞋參加一九七九年的《跑者世界》年度評比,Aztec 是其中之一。我對另外兩雙不抱太多期待,但很有信心 Aztec 可以拿到高分。我把希望全放在這款鞋上。如果 Aztec 拿到五星評價,保羅‧費爾曼就會加入 Reebok,我們就會在市場掌握力量,而在十年往返大西洋兩岸之後,我終將搞定美國的經銷。

那時在英國還買不到《跑者世界》，所以出刊當日一早我就走進辦公室打電話給還沒睡醒的保羅，叫他盡快去書報攤買一本來看。

一個小時之後，他打電話給我，平靜地說：「Aztec 得到五顆星。」

我盡全力保持些許英國人的紳士風範。「很好，所以現在——」

保羅插嘴，緩慢而清楚地說：「三款 Reebok 鞋都拿到五顆星。」

英國人的紳士風範瞬間飛到窗外，我對著電話歡呼大吼。我知道我們終於越過那條線了。感覺就像是取得通往魔法國度的鑰匙。我說：「我猜這代表我們要開始合作了？」

保羅說：「夥伴，歡迎來到美國。」

Aztec 在鞋底抓地力與腳後跟控制上取得數項第一名的評比，立刻創造了巨大的興趣。我們先是收到幾張來自個人的訂單，可以直接寄送。然而，市場上的詢問緊接著如浪潮般襲來。事實證明，五星評價為 Reebok 徹底改變了局勢。

我追逐超過十年的市場突然為了一款卓越的商品而關注Reebok。Nike 仍然是領頭羊，但我們緊緊貼著他們的腳後跟。對，我就是故意說「腳後跟」。

回想起德瑞克‧沃勒為我們撤銷了 Wilson Gunn & Ellis 的停業呈請，那似乎是好久以前的事，而我現在要請他為我們

擬定跟保羅簽署的合約。關於新創的 Reebok International Limited Inc（也就是美國 Reebok），保羅將依約擁有百分之九十五的股份，而我持有剩餘的百分之五。合約也規定美國 Reebok 必須支付權利金給 Reebok International Limited（也就是英國 Reebok），因為直到我們可以外包他處之前，初期還是要從巴塔鞋業購買鞋子。

　　考量到地緣關係以及跨境運輸的簡便，我們也同意保羅的經銷領地包括加拿大與墨西哥。我知道照料英國以及世界其他地方的 Reebok 也夠我忙的了！

　　總算卸下肩頭的重擔。我不再需要專注於打開美國市場——我相信挾著五星評價鞋款的保羅會為我做成這件事。事實上，一九七〇年代並不好過，感覺起來有點像是穿著一雙爛鞋跑過泥濘。

　　英國政治在這十年來都不太平穩，通膨率在一九七五年達到驚人的百分之二十二‧六，加上公部門減薪，零售業的銷售額直直落。英國的街道有好幾個禮拜都佈滿垃圾，因為清道夫加入護士與救護車駕駛的行列，為求更高的薪資而罷工抗議。

　　在英國選出第一位女性首相之後，似乎有了一點希望。柴契爾夫人（Margaret Thatcher）於一九七九年掌權，立刻著手對抗通貨膨脹、國家支出以及工會。柴契爾夫人甫上任的政策之一就是取消外匯管制，我的樂觀想法因而得到了證實。這項限制的消除代表人們可以更輕易在國外花錢，所以也更容易在

國外做生意。恰巧在那個時間點,這項變革對正要擴張的 Reebok 有著決定性的影響。到國外出差的時候,我想帶多少錢就可以帶多少錢,不用跟之前一樣經歷繁文縟節,設法從英國匯出款項。美國運通信用卡真的成了我的貼身摯友,這都要感謝柴契爾夫人。

　　一九七〇年代的動盪傷害了所有製造業,包括 Reebok。我知道當時我們的工廠絕對無法承擔現在面對的額外產量。若是換做順風順水的十年,也許我們會更早擴張、添購更多機械、增加更多員工,但事實並非如此,所以我們還沒準備好應對五星好評與美國經銷帶來的巨變。這也再次提醒,無論你做了多麼充足的準備,擬定多少應變措施,外部的變動仍可能輕易讓你脫軌。

　　待一切就緒,該跑一趟東南亞為 Reebok 尋覓廠房了。其他鞋廠發現那裡的工廠能以遠低於英國的成本大量生產鞋子,雖然品管在過去曾是問題,但現在的生產標準已經不容出錯。提早進駐東南亞的公司帶來鞭策的效果,原本習於製造低品質鞋子的工廠已經明白,若不提升製作水平,外國公司會直接另請高明。再一次,我們遇上絕佳時機。其他鞋廠在東南亞經歷完早期的麻煩之後,我們才正好要踏入這個領地。

　　我之前曾親自見識過。把生產線移到地球另一端的想法浮現之初,有個熟人幫我跟台灣的工廠牽線,說他們可以用三分之一的成本製造出一樣的鞋。我半信半疑。我以為海外唯一能

做高品質鞋款的地方就是日本，菲爾・奈特用它引進的 Tiger 鞋證明了這點，而且日本的進口車也在歐美博得好評。我們顯然可以從日本取得物美價廉的商品，但是南韓或台灣？我從那些國家看到的只有價廉，沒有物美。

帶著猶豫的我姑且把疑慮放到一旁，對台灣工廠下了兩百雙高科技跑鞋的訂單，同時附上詳細的製作指引。他們送回來的鞋子品質是路邊攤的水準，台灣工廠顯然還沒準備好生產高性能的運動鞋，而且說實話，當時的我們也還沒準備好把生產線移到海外。

如果說台灣工廠的製作品質令我失望，南韓似乎是更不理想的選擇。那個國家當時尚未因為生產任何商品而聞名，無論是高品質還是低品質。但是，南韓最大的鞋廠 HS Corporation 的英國代理商麥爾肯・奈森（Malcolm Nathan）曾寄給我一組品質格外良好的樣品鞋。

持續關注 Reebok 崛起的麥爾肯跟我聯絡，建議我看看他的公司能夠提供什麼。縱使那些樣品鞋的品質很高，也有可能只是一次性的表現。也許他們在另闢的生產空間製造那些樣品鞋，專門用來騙我這種天真的外國投資者。實際生產線做出來的鞋又是如何呢？我還是沒被說服。我必須親眼看看，取得關於他們生產方式與能力的第一手資訊。

依照我的估算，從參訪工廠到建立生產線，再到收到第一批鞋子，大概需要費時六個月。我們沒有半年的時間可以等。

訂單一開始出現，就會如洪水般湧入，這是必然的。所以我需要一個過渡時期的計畫。

我再次聯繫巴塔鞋業的沙克爾頓。巴塔鞋業顯然有能力應付我們的訂單量，但我不太確定他們是否擁有「手感」去製造美國市場想要的「最先進」鞋款。

然而，沙克爾頓亟欲跟我們合作，向來很會說服人的他讓我相信巴塔鞋業絕對有能力製作我們需要的高品質創新鞋款。於是，保羅跟沙克爾頓協商價格，傑夫花時間設立生產線並且傳送部件與樣板，而我則準備踏上一生一次的旅途。

在香港中途停留之後，我的主要目的是跟艾倫・尼可斯（Alan Nichols）見面，他是麥爾肯・奈森在南韓的合夥人。然後從那裡飛到東京去見一個新的聯絡人，再去洛杉磯跟一個體育服飾品牌洽談，接著前往波士頓與保羅・費爾曼聚首，探查他的經銷進展。

我訂了泛美航空的大型客機機位，一路向東。人生中第一次，我用頭等艙來犒賞自己。如果是短程飛行，我不會願意付高額搭頭等艙。但這段航程畢竟不短，而一點奢華對長途飛行很有助益。但我訂的也不是真正的頭等艙，那樣好像太擺闊了。我的票是所謂的**候補**頭等艙，也就是說，在任何一段航程中，只要頭等艙客滿，我就會被自動降級。

前面兩段航程（倫敦到法蘭克福，以及法蘭克福到德黑蘭）我的運氣都很好，沉浸於頭等艙的奢華，盡情享受波音七

四七樓上的休息室與酒吧。到了法蘭克福，一位身形巨大的德國男子疲憊地癱坐在我旁邊的位子，閉上眼睛用手在胸前劃了十字，並且低聲禱告。如果是祈求航程順暢，那效果顯然很好，因為一直到飛機準備降落之前，這個男人的眼睛都沒有睜開。然後，情況突然生變。

降落於德黑蘭機場的飛機在跑道上猛然轉向，在距離航廈很遠的地方突然停住。機艙燈光暗下，機長廣播請所有乘客待在座位上，不要到處走動。我透過窗戶望向外頭的黑夜，看到一堆車輛駛近，有加油車、支援車、載客巴士，還有一輛看起來很不妙的軍用卡車，上面滿載全副武裝的軍人。飛機艙門打開，兩名手持機關槍的軍人現身機艙。有些乘客發出驚呼，睜大的眼裡滿是恐懼。我跟隔壁的德國男子焦慮對視，同時兩個軍人舉起槍，面色凝重地檢查頭等艙，似乎在找特定的人。

坐在我前面的一個中東男人受到其中一位軍人的關注，小心翼翼舉起手指向頭頂的行李櫃。軍人瞇起眼睛，把槍管轉向我們的方向，草草點了頭。中東男子慢慢起身，把手提箱從櫃子裡取下，抱在胸前，然後小碎步跑過走道，下了飛機。兩名軍人緊跟其後。我看到窗外有幾個乘客被送上巴士，沒有開燈的巴士開往航廈。飛機艙門很快關上，幾分鐘之後，我們又回到空中。

從德黑蘭到德里的航程異常安靜，下一段飛往香港的航程也是如此，乘客之間就算說話也不敢大聲。我們剛剛究竟目睹

了什麼？是不是與危險擦身而過？

　　下飛機幾天之後我才得知，當時有數百名伊朗學生為了對伊朗的回教革命表示支持，闖進德黑蘭的美國大使館，挾持六十六名美國的外交人員與公民。仇美情緒在該國快速擴散，於是所有美國航班與乘客都被認為可能有立即的危險。儘管美國為了人質採取許多外交手段，那些可憐的人質在四百四十四天之後才被釋放。

|23|

香港與之後

波音七四七傾斜機翼，俯衝穿過高樓大廈，準備降落於啟德機場。我來香港是要見安德烈·布朗尼耶（Andre Blunier）。出生於瑞士的他是《中國跑者》（*China Runner*）的出刊人兼編輯，在九龍擁有一間小小的體育用品店，碰巧有賣 Reebok 的商品。我們為他供應鞋子兩三年了。

這雜誌當然遠遠比不上《跑者世界》，受眾不過就是一小群僑民，而安德烈本人也只能說是個小店老闆。老實說，我來這裡主要是為了親自看看香港。與其說是商業的必要，不如說是個人選擇，我想去香港好多年了。反正都要去南韓了，中途不跑一趟香港真的說不過去。

這個由無數高樓構成的水泥叢林擁有世上最繁忙的商港之一，也是擁有最多摩天大樓的城市。這不是前來放鬆的地方，但一切符合我的期待，充斥商機的亂中有序與伯里的簡樸大異其趣。

比起德黑蘭的戲劇性場景，這趟香港之旅安靜而低調。我知道這兩個詞彙不常跟香港出現在同一個句子。果然，又是另一波暴風雨之前的寧靜！

安德烈給了我幾本《中國跑者》並且跟我講解了香港當地的田徑市場之後，我為了隔天的飛機而早早回到旅館。南韓不在泛美航空的行程上，所以我用掉一張不定期機票。

旅館櫃台說有人留言給我。是艾倫・尼可斯，他說：「請趕緊打這個電話。」

電話另一頭，艾倫的聲音很慌：「感謝老天，我終於聯絡上你。」

「怎麼說？發生什麼事了？我明天就要去南韓見你啊。」

「重點就是這個。」

「什麼意思？」

「我不在韓國。我們全都不在。」

「為什麼？你們在哪？」

「我們都在台灣。朴正熙總統遇刺了，韓國宣布戒嚴。我們必須快點離開那個國家。」

「靠，那我要怎麼辦？」

「先按兵不動，或是來台灣找我們。」

我放下電話，心想這趟旅程從一開始就受到詛咒了。

隔天一早我就搭機抵達台灣，跳上計程車到台北跟艾倫以及他的團隊見面。他們得到的消息是，韓國持續戒嚴，但民眾

目前對總統遇刺之事還沒有太激烈的反應。他們隔天就要回韓國，但安全起見，建議我待在台灣再等二十四小時。

朴總統過去十八年來以鐵腕治國，在他的軍事獨裁之下，韓國中央情報部殘忍地逮捕、刑求，並且處決了許多異議分子。當他在中情部的祕密宴會廳被中情部部長射殺，我無法想像有多少國民會由衷哀悼。

在首爾機場通過安檢時，他們要我把口袋裡的東西都放到托盤上，包含護照與私人文件。我有點遲疑。托盤將被推進一個窄小的窗口，我不知道另一頭有著什麼人。我在緊閉的門外等候，經過彷彿天長地久的時間，想著如果他們不把那些東西還我，我該怎麼辦。少了護照跟身分證明文件，我誰都不是。對韓國中央情報部來說，沒有身分的我無足輕重，只不過是另一個人間蒸發的不知名老外。我回頭探看，期待找到一張和善的臉龐，讓我問個幾句。與我對視的卻是一個神情嚴肅的軍人，手上握著一把半自動步槍。

我一直等……一直等……汗珠從臉龐滑落。為什麼要這麼久？安檢人員到底在檢查什麼？他們找到什麼了嗎？然後，門開了，我被叫進去。四個神情肅穆的人看著我，我的目光在他們之間游移。我開口解釋我是誰，我為何會來韓國，我對他們沒有威脅。其中一人把托盤推回來給我，往出口方向點頭，示意要我離開。就這樣。什麼都沒有。沒有拷問，沒有懷疑，沒有扣押護照。我終於又是我。

　　當我被載離機場，天已經黑了。我們穿過一群坦克車還有幾座槍砲臺，在一個武裝哨站被攔下。憲兵與武裝軍人的數量遠遠超過街上的行人，而每個行人都對我投以恐懼與懷疑的目光。緊張感濃重到幾乎可以觸摸。感覺只要一個表情受到誤解，就會引來一陣先斬後奏的機槍掃射。誰會想到賣個鞋子也能扯上這種危險？

　　計程車在一個木頭大門前停下，大門兩邊各有一名全副武裝的守衛。其中一個往車窗裡看，對他的同事點頭，按下按鈕讓大門緩緩打開。門內的世界只能說是世外桃源，充滿音樂與燈光。

　　我終於在櫃台見到艾倫，鬆了一口氣。他微笑問我：「旅途如何？」

　　我回答：「嗯……一波三折。」

　　我的旅館房間俯瞰被火把照亮的沙灘。我打開窗戶，期待聽到溫柔的浪潮之聲，傳進來的卻是群眾悼念總統的哭喊。也許朴總統比西方人所想的更受愛戴。

　　斷斷續續的睡眠跟草草吃完的早餐之後，我抵達 HS Corporation 的工廠，迎接我的是寫著「歡迎 Reebok」的布條。我有點訝異，但他們確實有心，這是多日以來我第一次感到受歡迎。幾十名經理跟主管列隊迎接，點頭點個不停。然後，我們全體一起走進廠房。

　　場內充滿勞動的聲響。我看見一個讓我想起福斯特時代的

製程，當時效率比安全重要，機器的設計對手指很不友善。我看見三個男人站在一起，為皮革鞋面打出鞋帶孔。其中一人把皮革壓在木塊上，那木塊基本上就是一個樹樁；另一個人用工具標出每個鞋帶孔的間隔；第三個人用一把大鐵鎚敲出孔洞。鐵鎚揮下的剎那，我忍不住閉上眼睛。這三人一定對彼此有著很強的信任。我想可以讓伯里的工廠員工試試這個，當作建立團隊默契的練習。

這裡的員工全情投入，不得不讚許這點，而他們的製造速率也令人印象深刻。出自生產線的鞋子，品質無庸置疑是絕佳的，拿到的樣品比我預期的還要接近完美。沙克爾頓一直以來幫我很多，也是珍貴的朋友，但艾倫跟麥爾肯在這裡給我的是更為優秀的產品，而且索價甚至不到巴塔鞋業要求的一半。我知道這不會給我們的工廠美名，這對英國的所有工廠來說都是一樣的，但這是未來不得不走的路。我現在唯一需要做的就是想出方法資助南韓的生產線，以滿足保羅羽翼漸豐的美國公司。

我必須確保保羅與與美國得到需要的所有供給。倘若Reebok 展翅高飛，最不樂見的狀況就是無法滿足需求量。麥爾肯、艾倫以及 HS Corporation 有大量生產的能耐，但是保羅必須拿著銀行發的信用狀下訂單，也就是說他必須有信用額度，而我幾乎確定他沒有那種東西。

我還需要請德瑞克·沃勒搞定文件，給予 HS Corporation

製作 Reebok 品牌鞋款的執照，因為目前保羅只有在美國、加拿大以及墨西哥經銷並販售 Reebok 鞋款的權力，而沒有實際製鞋的執照。製成的鞋子將從南韓的工廠直接送到波士頓。這份合約代表英國 Reebok 將從透過賣鞋賺取利潤轉型為收取每雙鞋的權利金。一切聽起來都很棒……只要我能讓這些事情運作起來。

　　下一站是東京。我待在超棒的新大谷飯店，那是為了一九六四年的奧運而在原本皇居的土地上建造而成的。我準備面對每日行程的方式，就是穿著 Aztec 繞著皇居跑幾圈。搭頭等艙行繞世界一週，身上難免增加幾磅，我想這樣做能幫忙消點脂肪。

　　我從未體驗過如此清新的空氣。當我跑過修剪得宜的草坪，穿過簇簇金黃色的連翹花，跨過流水上的紅色小橋，每一口呼吸都讓肺部充滿松樹與櫻花的香氣。我並未試圖打破任何紀錄，我也沒那個能耐，但奔跑的機械性動作與高含氧的空氣讓我的心思變得格外明晰。

　　跑步的過程中，我憶起博爾頓的往昔，父親在每週的訓練時段逼迫我反覆練習起跑，只為了透過押注在我身上來贏錢。我在八歲的時候拒絕繼續，也許父親就是在那時完全放棄我。對我而言，現在這樣才是跑步的真義——自由自在、滌除壓力、淨化心靈——不是在追求勝利的同時逼迫自己超越極限，更不用說為了別人而求勝。

在東京跟可能的經銷商們會面之後，我飛往夏威夷，準備在週末單純放鬆休息。在這段航程中，我首次遇上頭等艙客滿。出境的休息室裡滿是曬恩愛的情侶，大概是要去夏威夷度蜜月或是浪漫假期。比我跟琴婚禮後的黑潭之旅稍微好一點，我心想。降級成商務艙並不會特別難熬，麻煩發生在抵達洛杉磯機場之後，我在入境處排了好幾個小時的隊，眼睜睜看著眼冒愛心的那些情侶從頭等艙的快速通道走過。

比起那些來玩的遊客，我的穿著俐落而正式。我想衣著加上英國護照應該能幫我快速通過海關。我錯了。海關人員想知道我帶了多少錢在身上，並且要求我打開公事包。他馬上抓起安德烈給我的那幾本《中國跑者》。

「你從哪裡拿到這些刊物？」

「一個香港的朋友給我的。」

他打量了我一番，然後消失了十分鐘。

回來的時候厲聲問道：「你去香港幹嘛？」

我解釋說我是一間跑鞋公司的老闆，他再一次轉身離開，大概是要去諮詢上級。

然後，他帶著更多問題回來：「你的公司名稱是什麼？」

「Reebok。」我盡可能展現耐心。

「聽都沒聽過。」語畢，他又消失。

我回頭看排隊的人，給了他們一個帶有歉意的表情。海關人員終於回來，把雜誌塞還給我，在我的護照上蓋章，然後以

揮趕蒼蠅的手勢叫我離開。歡迎來到人間天堂，我心想。

　　到了飯店櫃台，事情也沒比較順利。我訂的房間不能住。疲憊感襲來，我真的需要躺下來，閉上眼睛，停止思考幾個小時。我嘆了口氣，雙手往櫃台一放，準備吵架。但在我開口之前，那個輕聲細語的女孩告訴我，有更好的房間空出來，可以幫我免費升等。

　　這間新房間很大，擺著兩張加大雙人床、三人座沙發跟一張咖啡桌。我拉開落地窗的窗簾，紅色的夕陽正要落入大西洋，為房裡帶來金黃色的光。威基基小島的沙灘上，棕櫚樹的樹影婆娑。海濱用餐露臺跟溫柔的浪潮之間有著白色的矮牆。

　　我在週六離開東京，越過了國際換日線，代表我再次回到週五，得以在檀香山這個天堂享受一個完整的週末。我決心不碰工作，也不思考或籌劃。身心靈都跟我說需要休息，需要重開機了。而這地方真是再適合不過了！

　　我很晚才起床吃早餐，在腳踝深的海水裡漫步於珊瑚礁之間，接著在樹蔭下的露臺吃頓慵懶而漫長的午餐，菜色包括新鮮的干貝以及炒鬼頭刀魚。長長的午覺之後，我沿著威基基海灘走到夏威夷村市場購買象牙雕刻等等的紀念品。回到旅館，迎接我的是耍刀弄火的絕佳鐵板燒料理，也讓我第一次品嚐到馳名的神戶牛排。

　　我搭上週一的早班飛機，惆悵地看著機艙窗外愈來愈遠的金黃翡翠仙境。夏威夷一直是我夢想中的天堂。處處皆美，沙

灘、森林、食物都很美好，但最美的還是那裡的女生。如果行程在此結束就是堪稱完美的句點，但洛杉磯還有更多風光等著我。

大衛‧佩里（David Perry）來機場接我，他的握手強而有力。這也合理，他是三十六歲的運動員，父親又是網壇傳奇佛雷德‧佩里（Fred Perry），難怪手勁這麼強。大衛掌管 Fred Perry 運動服飾品牌，辦公地點就是比佛利山莊的家。儘管父親來自英格蘭北部的斯托克波特（Stockport），大衛講話卻沒有半點英國腔。洛杉磯土生土長的他是個徹頭徹尾的美國人，粗曠的學院風造型讓他看起來就像好萊塢電影卡司的一員。

大衛載著我開上日落大道，前往他最喜歡的餐廳。用餐期間，他說想在 Fred Perry 品牌下增添運動鞋系列。他透過洛杉磯廣大的僑民社群以及《跑者世界》那樣的業界刊物認識了 Reebok。同樣都是英國公司，他想要幫助我們。吃完飯，他答應擬定一個合作計畫，之後寄到英國給我。離開餐廳之後，他沒有送我回飯店，而是邀請我去他家。

這幢原本為了琴吉‧羅傑斯（Ginger Rogers）而設計建造的房子大得不得了。讓我一走進大門就印象深刻的是地毯的厚度，踏在上面簡直像是涉沙而行。我跟著走上寬大的迴旋樓梯，進到琴吉以前的「派對室」。全景窗外的洛杉磯美得令人屏息，房裡有一面描繪這座城市的壁畫，名叫「把城塗紅」（*Painting the Town Red*），畫上每個腥紅色的斑點都標示著這

位舞者夜裡最愛的去處。房間深處有兩台碳弧投影機，專門播放她的電影給賓客看。房外有木頭與玻璃建構而成的舞廳，有著漂亮光潔的彈性地板舞池。我想像琴吉在好萊塢生涯的顛峰之時，跟舞伴佛雷・亞斯坦（Fred Astaire）在這裡跳著華爾滋。

大衛跟我說佛雷為他的腿跟腳投保了十五萬美元，這在當時是個大數目。腿腳就是他的生計。某種程度上，我也一樣。不是說我的腿腳很珍貴，而是我的所有雞蛋都放在同一個籃子裡，叫做 Reebok 的籃子。倘若公司失去顧客的喜愛或者沒搭上潮流的列車，我們就完了，**我**就完了。

環繞世界一圈之後，站在好萊塢傳奇人物以前的家裡，我知道這一刻的自己已非吳下阿蒙，但我沒有回頭路。我必須盡所能增加需求並且降低成本，往後遇到 Kmart 那種大聯盟等級的對象才有斡旋的空間。

也許是好萊塢的力量，也許是琴吉・羅傑斯的影響，我了解到成敗之間沒有模糊地帶。偉大的人物總是付出一切，毫無保留。從今爾後，我要孤注一擲。我不要追逐人群，我要人群追逐我。該化身 reebok 這個字的本意——柔韌、流線、適應力強、難以捉摸，而且永遠比對手快一步。

在心裡面，我高度專注。我能看見成功，感受到榮耀。然而我的計畫在現實生活中仍是紙上談兵，我描繪了目標的影像，卻還沒有前往的地圖。我知道如何從這一步走到下一步，

但再遠就沒了頭緒。我招募了保羅，快要搞定便宜的量產方式，而且手握一個五星級的產品。但要讓一切同時就緒，好讓 Reebok 成為世界第一的品牌，還需要巨量的努力與機運。

傑夫一向跟我有著同樣的夢想，而兩個琴也全力支持，至少在 Reebok 求取地區性，甚至全國性的成功之時。但是現在……我感覺他們已經跟不上我的眼界，看不出 Reebok 全球性的潛力，不知道公司能到達的境地。或者，他們只是不想要，也許成功的規模讓他們感到畏懼。無論原因是什麼，目前的情況就是，每當我做出一個有利於公司的重大決策，或是出一趟追求進步的國外差旅，他們都會提出負面或反對的意見。「這樣太花錢了」、「風險太大了」、「我們已經離開舒適圈了」這些話我最近都聽過，還有另外十幾句沒提。

在我的熱情裡，在我的追求裡，在我對未來成就的信念裡，我開始感覺到孤獨。我需要熱忱的支持，來自某個跟我擁有相似企圖心的人，某個因為知道我們正在幹大事而感到興奮的人。我需要跟波士頓的保羅·費爾曼待在一起，那是我的下一站，也是這趟漫長旅程的最後一站。

|24|

再訪波士頓

　　保羅沒有讓我失望。十一月的波士頓冷若冰霜，但他的熱情如火。我們交換了幾句關於航程與家人的寒暄，保羅就把話題轉到生意上。在前往 Boston Camping 的二十分鐘車程裡，我一邊欣賞車窗外的景色，一邊感受他的熱忱與樂觀。看著俐落的大城市天際線，我心想：我需要讓身邊多些保羅這樣的人。

　　波士頓公園的秋色被冬季蓋過，紅色、綠色與褐色被灰色的天空淡化。後灣一路上都是褐沙石房屋，門廊的陰影處結著霜，紐伯里街上服飾店櫥窗裡的人偶模特都裹上一層層克什米爾羊毛衣。

　　這提醒了我美國跟英國有多大不同。在寒冷的波士頓，人們擁抱冬季，享受季節的轉變。十一月為感官帶來新的體驗，有特別的味道、聲音、氣息與活動。反觀伯里，或者說整個英國，大家都對冬天避之惟恐不及。當冬季到來，人們躲在緊閉

的門扉裡，咒罵寒冷的天氣，期望這個時節趕快過去。不得不出門的時候，他們會呻吟抱怨，全身穿著灰色或黑色的衣服，宛如在悼念夏季歡欣之死。

兩國之間的差別不只展現在對冬天的態度，生意上也是如此。在這塊機會的大地，有種凡事都有可能的感覺。也許是因為我成長過程的經歷，總覺得成功有個頂點，有個道德上的障礙阻止你衝得太高。追求偉大是不被認同的，甚至可能受到勸阻，彷彿這麼做太過妄自尊大。追求平凡才是英國風格：達到平庸，適可而止，不上不下，這樣就好。老話一句，要知道自己的位置。

我們抵達 Boston Camping，但是 Boston Camping 已經不在了。招牌、存貨以及生意都沒了，夥伴們也鳥獸散。保羅說他的弟弟另創了一間製造魔鬼氈皮夾的公司，而他的妹婿現在擁有一間二手車行。

無庸置疑，現在的保羅百分之百投身於 Reebok。我不能潑他冷水，但當下卻也為他略感焦慮。就像當時的我對羅倫斯體育一樣，保羅也把一切都押在美國的 Reebok 上。

保羅絕對算不上有錢。Boston Camping 在當地小有成就，可以說經營穩定。但保羅跟我一樣，永遠不會滿足於穩定。他大可以繼續賺著平均水準的錢，大可以把 Reebok 加進本來經營的事業裡。然而倘若如此，財務、身體與心靈上的需求可能會太大，可能會讓保羅跟先前的經銷商一樣以失敗收場。而現

在保羅既然已經做出決定，讓 Boston Camping 成為過去式，他就非把 Reebok 做起來不可。這點對我來說也是一樣。事實上，在保羅幾乎沒有營收的時候，他太太光是在工藝品市場販賣手工飾品就賺得比他還多。如今，我們兩人的心中都只有一件事：讓 Reebok 在美國壯大。而他在這方面有很多構想。

其中一個點子抓住了我的注意。他在思考「窗框」，也就是鞋子側面繡上 Reebok 最新星冠標誌的位置。這是最近的發展，來自最不可能的情況。

傑夫跟我開始在車子上撒錢。我把我的二手廂型車賣掉，他把他的老捷豹賣掉。我們先是買了兩台新的福特 Escort，接著又升級為紳寶（Saab）的 Turbo。

我們跟曼徹斯特的紳寶車商建立了不錯的關係。某次，當我到店裡看接下來要換的車，他問我能否幫賽巴斯汀・柯伊（Sebastian Coe）製作一款鞋。紳寶是賽巴斯汀的贊助商之一。依照合約要求，賽巴斯汀近期將會到紳寶的店裡露面。

能有機會跟世界紀錄保持者合作，我當然很開心，尤其是像賽巴斯汀這樣受歡迎的人。但我微笑著提醒他，賽巴斯汀是 Nike 旗下的運動員。有 Nike 合約在身的賽巴斯汀若是心懷感激地收下繡滿 Reebok 標誌的鞋子，而且還被相機拍下來，對他來說應該不會是什麼好事。

「有沒有可能做一雙沒有 Reebok 商標的鞋呢？」他問：「或者，更好的是，把紳寶的商標放上去？」語畢，他走進辦

公室，拿了兩片布料商標出來。「就像這種。」我想不出拒絕的理由，而且讓車商欠我們一個人情，下次我跟傑夫來買新車也許會有優待。

雖然 Saab 的字母高過 Reebok 標誌，但只有四個字母，應該放得進鞋子的側面。縱使如此，直接繡上去也不好看，於是我們想出一個方法：裁切出一塊「窗框」，把標誌縫在裡面，像是裱框裡的畫。

放著紳寶標誌的窗框讓原本就很獨特的 Aztec 鞋型再添新鮮元素，所以我跟傑夫決定把這個新特色融入所有鞋款的設計之中。Reebok 裱在窗框中，旁邊則是星冠標誌。保羅也很欣賞窗框設計，但他覺得還有改善空間。

「我愛星冠標誌。」他說：「讓我想起英國國旗。」

我跟他說那正是當初設計的靈感來源。

「但要把這個標誌推廣到有辨識度的程度，需要花一大筆錢。我們何不用在美國已經人盡皆知的圖案來代替呢？」他直視我的眼睛，時間長到令我不太自在，畢竟他正在開車。

我一邊幫他看路一邊問：「像是什麼？」

「就英國國旗本身啊！」他雙手一攤，好像這是顯而易見的事情。

車子朝路邊護欄開去，我大喊：「注意前面！」

然後我告訴保羅：「我考慮看看。」

在這趟環球之旅的尾聲，我花不少時間思索這個提議。我

不太確定美國有多少人認得英國國旗，保羅跟我說答案是**每個人**。愈是深入思考，我愈覺得這是神來一筆。做生意的時候，上戰場就是要拿出你擁有的全部武器，縱使有些武器嚴格說來並非你所擁有。

然而，我對英國市場仍有所保留，尤其是在把生產線移到韓國之後。英國的工會主義盛行，我擔心要是有人找碴，說我們的商品的產地是南韓而非英國，會帶來一些麻煩。

這在某種程度上是一種賭注。若真遇上，我們會辯駁說產品是在英國設計的，公司位在英國，而所有的權利金也是送到英國。此外，多數的產品應該都會在美國賣出。英國的問題，我們自有辦法處理。

就這麼決定了。九個月之後，每一雙 Reebok 鞋上都會繡有英國國旗，而且也會被放在印有英國國旗的鞋盒裡。

往後幾年，相關的麻煩**的確出現了**，代表高失業率地區的工黨議員們六度把我們告到英國貿易標準局那裡。不過這是我們準備好要付的代價。罰金不高，但擁有如此俱辨識度的商標，簡直是無價之寶。

降落倫敦準備搭上前往曼徹斯特的班機之前，我打了通電話跟琴說幾點會到機場，馬上察覺到家裡的氣氛不太對。

「我那時會很忙。」她說：「晚上我的藝術團體要聚會。」

花了二十五天繞世界一圈的我必須先搭火車到伯里，然後招計程車回到空無一人的家。過去一年，我跟琴之間的距離顯

然拉大了。這顯而易見,畢竟我都在出差。琴跟孩子們感受到
生意再次興旺的好處,但跟我連見面的機會都很少。我的缺席
成了家裡的常態,我只不過是負責養家活口,偶爾會出現在家
門的「那個人」。但在心裡,我認為自己沒有選擇。我已經太
投入 Reebok,太接近攻克美國市場,太執著於公司的進展,
以至於無法走回頭路。不幸的是,家庭跟事業只能二選一,魚
與熊掌不可兼得。

接下來幾個月,沙克爾頓、保羅、傑夫跟我持續四方交
流。我們仍須為 Aztec 跟另外兩雙五星鞋款搞定製作與行銷的
最終細節,在二月即將到來的美國運動製品協會展覽打造一個
發表會。

德瑞克・沃勒跟保羅的美國律師們持續送來簽不完的文
件。我一月必須再飛一趟波士頓,手上握著簽名用的筆,包包
裡放著微調過的最新版 Aztec 鞋。

保羅不想在展覽會上秀出全系列鞋款,但攤位上還是會擺
出一兩雙鞋。事實上,他想要專注於一個產品,也就是我們的
王牌 Aztec,來自英國的「二十五磅」五星鞋款。現在《跑者
世界》的年度評比會寫出每一雙鞋的重量,這對美國消費者產
生不小影響。保羅跟他的團隊認為在表示金錢的「鎊」跟表示
重量的「磅」上面玩雙關遊戲會是很妙的花招,Aztec 的美元
定價將會等同二十五英鎊。他也想用同樣的方式為其他鞋款定
價,所以需要每一雙鞋的確切重量。我手邊沒有相關資訊,所

以需要飛回英國，買一台磅秤，然後在四十八小時之內告知他每一款鞋的重量。保羅很訝異我竟然連一台磅秤都沒有。他離開房間，回來時拿著一包塑膠袋，裡面放著一台磅秤。

隔天，我照慣例搭上環球航空的紅眼班機，一大早抵達倫敦，順利入境，轉機飛往曼徹斯特，再從機場搭計程車直奔辦公室。保羅堅持我們必須盡快取得每一雙鞋的重量，所以我馬上從塑膠袋裡取出磅秤。細緻的白色粉末隨著磅秤落在我的辦公桌，我仔細打量之後，心裡覺得不妙。我馬上打電話給保羅。

他先是陷入沉默，然後尷尬大笑。「我的朋友在緝毒組工作，他查扣了很多磅秤，所以送了我一台。」

我試著保持冷靜，但是並不容易。當然，保羅是清白的，他從未碰過毒品。但我還是得告訴他：「你知道在波士頓或是希斯羅機場有可能發生什麼事嗎？保羅，我可能被逮捕耶。**英國 Reebok 的老闆被控走私毒品**。你能想像這樣的頭條嗎！我**跟你**都會完蛋。」

保羅一時無語。我能感覺到他心生愧疚，但只有不到一秒的時間。隨後，他的熱忱再次迸發，對此一笑置之。「總之，你現在沒事就好。量好鞋子的重量了嗎？前途一片大好啊，喬，我能感覺得到。」

縱使他差點釀成大災難，要繼續對這樣可親的人生氣不爽實在很難。

| 25 |

我哥傑夫

　　我從沒聽過傑夫生病。他一直是健壯的代名詞，身為自行車選手的他每個禮拜都從事訓練。就算已經四十好幾，他還是會在多數的週末參加自行車賽事。每次比賽完，他總是不太舒服，但那單純是因為把身體逼到健康的極限之外，這對我哥來說司空見慣。但是在我出發前往一九八〇年美國運動製品協會展覽的那天，我看得出他病了，不只是不舒服而已。痛苦在他的面容上清晰可見。他的背部劇烈疼痛，他妻子堅持要他去醫院做檢查。我問他要不要我把出國的行程延後，但他堅持要我如期出差，叫我不要擔心，說這沒什麼，並且請我讓他知道展覽會的狀況。

　　這是 Reebok 首次自己參加芝加哥的美國運動製品協會展覽，獨立於英國貿易局的代表團之外，這也是保羅所希望的。保羅決定要拿英國風格來做文章，把攤位設計成英式的溫馨起居室，擺著壁爐跟扶手椅，當然還有展示鞋款的櫃子。對於一

個販售跑鞋給運動員的公司來說，我覺得這種舒適慵懶的氛圍似乎與體育競技背道而馳。但話說回來，我哪懂美國市場？我到場只是為了回答產品相關的問題，而且焦點只放在一款鞋子上。保羅跟他的銷售經理吉姆（Jim）已經掌控一切，我感覺自己在不在場都沒差。

我遊蕩到英國貿易局的攤位，感覺到某些參展的代表團員有點嫉妒 Reebok 擁有自己的美國經銷商。他們不知道的是，我們的事業正處在懸崖邊緣，沒有任何失足的空間。雖然情況有所好轉，英國的 Reebok 仍處在復原的階段，而保羅也為了美國的 Reebok 傾家蕩產，我是說真的**傾家蕩產**。

展覽會結束後，保羅得到一大批訂單，還找到兩個願意加入的代理商。現在輪到我把鞋子供應給他了。我安排巴塔鞋業的沙克爾頓到希斯羅機場接我，以便盡快談妥生產製造的最後細節。離開保羅的辦公室之前，我打電話跟琴說我回家前會在倫敦停留開會。對於我延後返家，琴聽起來一點也不訝異，她早已習慣了。我問起傑夫，她跟我說還沒有消息，這讓我鬆了一口氣。

終於到家的我發現其實是**有消息**的，但琴決定當面告訴我。傑夫被診斷出罹患胃癌，將在隔天進行緊急手術。於此同時，他安排一位友人代替他處理工廠的事務。如果說時差令我混亂，那這個消息就是令我傷心欲絕。像傑夫這樣強壯健康的人怎麼會罹癌呢？

接下來幾個晚上，我都去醫院探視他。他一直處在麻醉的狀態，看起來很憔悴，面如死灰，彷彿生命已經離開他。我跟他說芝加哥的狀況，說我們得到很多新的訂單，也講起波士頓警方跟磅秤的白粉事件。他閉著眼睛，疲倦地微笑。我感到很無助，我感覺得到自己待在這裡反而讓他多花力氣，對他來說是一種壓力，他需要休息。我輕吻他的額頭，然後離開。

此後，我沒再見過我的哥哥。幾天之後，傑夫因為手術後的併發症而過世。他的喪禮辦在三月十日，距離他的四十七歲生日只有八天。他的妻子琴以及一對青少年子女黛安與羅伯特在喪禮上未曾停止哭泣，他們的心碎可想而知。我自己也忍不住眼淚，我覺得整個人生都變了。

我們兄弟倆怎麼經營生意，怎麼合作無間，怎麼共享成就──全都終結在巴爾頓火葬場裡這個毫無人情味的白色房間。背後的門關上，空氣中迴盪著皮鞋踏在磁磚地上的聲音，以及參與的人們輕聲交換的哀悼之辭。

沒有人料到我跟傑夫能走得這麼遠。縱使 Reebok 仍相對微小而脆弱，而且傑夫也對太大的擴張心存疑慮，我們兩人確實對光明的未來保持相同的希望。公司能夠成長為一個國際品牌，與 Nike、Adidas 或 Puma 相比也毫不遜色。這是我們兄弟倆最初的夢想，而這個夢想仍在存在，還有實現的機會。但傑夫無法見證夢想成為現實。

傑夫跟我是渾然天成的團隊。二十二年前，我們一起做了

艱難的決定，離開 J.W. Foster & Sons 這個家族事業，我們在伯里的破舊工廠白手起家創建了 Reebok。

　　為此，我們曾一起教育自己，一起挺過艱苦而漫長的工時，一起承擔看似無法突破的阻礙。我們曾一起打過法律戰，一起經歷銷量下滑以及資金提供者的崩毀，但作為兄弟兼夥伴的我們總是設法度過危機，而傑夫應當看到最後的成果。我需要他跟我一起分享成功，跟我一起哀悼失敗。我需要他管理工廠。當暴增的需求為生產線帶來不可能的任務，後續的低谷卻又讓我們不得不暫時解雇員工時，我需要他找到解方。當我在外奔走，我需要他擔任我的錨。我需要他當理性的聲音，我需要他當務實的問題解決者。但最重要的是，我需要他當我的哥哥，我的磐石。現在，失去他的我感到憂懼，彷彿走在鋼索上，下面卻沒有安全網。

　　在難以承受的哀傷之中，我知道自己面臨一個抉擇。我可以從此一蹶不振，也可以帶著悲傷前行。我要考慮的不單是自身的未來，還有家人琴、凱以及大衛，更不用說每一個與公司有所牽連的人，他們都仰賴我繼續推動公司的發展。儘管悲痛欲絕，我也不得不站起來掌控局面。

　　想當然耳，傑夫的妻子繼承了他那一半的公司股份，這讓我跟她成為共同擁有公司的合夥人。一個無須隱瞞的事實是，我跟傑夫的琴近年來處得不太好。無可否認，跟傑夫合作期間，我一直是衝動魯莽的那一個。然而，對於我把 Reebok 推

向全球的欲望與舉措，傑夫之所以如此憂慮，我總覺得是因為他的妻子火上加油。我總覺得她對我沒有信任，認為我操弄她的丈夫。這份緊張讓我們很少跟彼此說話。要我們共同管理公司，並在重大決策上有同等的發言權，顯然是不可能的事情。這種狀況之下不可能合夥。在 J.W. Foster & Sons 旁觀父親跟伯父的相處，我曾經親身體驗惡劣的關係會對事業產生何種影響。

兄弟間的敵意束縛了福斯特的潛力，也無疑造成了最後的倒閉。受困於類似的悲慘關係，我們要怎麼推動 Reebok 的發展？誰想在這樣的環境裡繼續？做生意就該好玩，要讓人樂在其中。若非如此就沒有意義了。

我知道 Reebok 有潛力走得很遠，我一直都知道。而且，再加上一點我們最近經驗到的好運氣以及好時機，我確定 Reebok 一定可以成就非凡。但當時的我們仍處在一個相對脆弱的階段。若要成功，任何一分努力、運氣與合作都不可少。在前往成功的道路上，任何一點磨擦與分歧都能輕易讓前進的動力偏移，害我們走上福斯特的舊路。

我跟琴解釋說現在只有兩個選擇：第一，是立刻解散清算公司，讓公司的價值歸零，然後我再花一點小錢把它買回來。第二，我用目前的市值買下她持有的股份。謝天謝地，她偏好後者。我們當時賺得不多，而我也無法確保未來的獲利。這對波士頓的保羅來說也是一樣──沒有成功的保證。舒朗恩的經

銷沒能成功，誰也說不準保羅的經銷會不會成功。我只知道我們有了一個起頭，有了一個嘗試的機會，而接下來只能全力以赴，探索所有的可能。

　　現在我擁有百分之百的英國 Reebok（Reebok 國際有限公司經銷與行銷分部）以及 Reebok 體育有限公司（生產製造分部），而作為兩者的老闆，我的首要任務就是找個人接管生產線。我很快就體認到傑夫在我出差的時候扛下多少責任。要讓我繼續跟南部的巴塔鞋業以及美國的保羅合作，顯然需要另外雇用三個人來擔起傑夫的工作。

　　首先，我把諾曼·班恩斯任命為生產線的領班經理。從博爾頓街時期以來，諾曼一直都是忠誠的員工，而且比任何人都更熟知人員與機械。接著，我聘請曾經領導 Leatherflair 的琳達·羅斯威爾（Linda Rothwell）來管理工廠的後勤與辦公。最後，我們需要掌管設計與開發的人。我不用捨近求遠，巴塔鞋業有一支很大的設計團隊，而保羅·布朗（Paul Brown）被派來協助 Reebok。年輕聰慧的他渾身散發個性。我想我應該很有說服力，才會用不了多久就讓他拋下現代化的寬敞辦公室，入駐伯里簡陋工廠裡髒髒暗暗的房間。

　　新的團隊終於組成，讓我卸下心頭重擔，但新聘三個人員也讓公司的財務更加吃緊。現在有更多錢往錯誤的方向流去，但我豈有別的選擇？已經沒有回頭路了。我只能祈禱在破產之前能出現資金流向的逆轉。

| 26 |

重大失誤

　　除了招募新的生產與管理團隊之外，目前為止我所面對的問題全都是跟傑夫一起面對的。現在，我首次獨自面對的困境就是一場大戰。而且如果傑夫還在，應該可以提早發現，在問題發生之前就避開。

　　等待南韓生產線啟動的期間，保羅先向巴塔鞋業下 Aztec 的訂單。在英國製造完成之後，這些鞋子會被直接運送到波士頓，保羅再寄送給美國的顧客。

　　沙克爾頓確保全部的出貨時間都不被耽誤，但保羅卻開始收到客人的退貨。不是一雙，而是好幾百雙。在《跑者世界》五星評價以及美國運動製品協會展覽後被炒得風風火火的旗艦鞋款 Aztec 竟然有瑕疵，而且是嚴重的瑕疵：中底崩解。

　　我趕忙跳上飛機前往波士頓，在保羅的辦公室比較被顧客退回的鞋與美國運動製品協會展覽用的鞋。我不敢相信自己的眼睛。除了崩壞的中底之外，兩雙鞋的外觀也有差異。巴塔鞋

業製造出來的 Aztec 跟美國運動製品協會展覽上的鞋看起來不
一樣。鞋帶穿過的鞋眼面本來應該被裁切成長方形，但退貨鞋
的鞋眼面卻是圓弧形。只有一個解釋：工廠想要節省縫製時
間。突然間，外觀走在潮流尖端的 Aztec 看起來變得非常普
通，巴塔鞋業裡的某個人在某個時間點更改了鞋子的樣板。

　　如果傑夫還在，他一定會要求工廠在出貨給保羅之前，先
送樣品鞋來給我們勘驗。無庸置疑，他必會發現設計上的不
同，要求工廠立刻停止生產。但就算是傑夫也無法預測到更大
的問題。

　　樣板的更改已經夠糟，但卻不是中底崩解的原因，所以也
不是退貨的原因。這要追究到巴塔鞋業從他們的橡膠工廠拿到
的 EVA 中底。巴塔鞋業已經自行生產橡膠多年，但 EVA 是新
開發的材質。我沒意識到這材質對巴塔鞋業的技術人員來說有
多新，顯然他們沒有使用 EVA 製作鞋子的經驗。

　　我不是科學家，但大概可以猜到中底崩解的原因。混合的
比例應該是正確的，我想出錯的是 EVA 橡膠片的固化時間或
是溫度。固化不足的橡膠裡面有氣泡，直接消除了緩震的效
用。穿個幾次，鞋子就變得僵硬，沒有生命力。配上圓弧的鞋
眼面，連外觀都變得平淡無奇。我打電話叫巴塔鞋業立刻停止
生產。但這無法補救眼前的問題：出自巴塔鞋業的兩萬雙鞋已
經有很多在市面上流通。

　　如果把售出的鞋都召回，保羅之後大概不用做生意了，承

認自家鞋款有瑕疵會是一場公關災難。我們唯一能做的就是以最不張揚的方式更換退貨，而且我們也必須在第一時間搞清楚問題發生的原因，所以要前往南部一趟。

巴塔鞋業的沙克爾頓嚇壞了。他安排我、保羅跟倫敦巴塔的最高階主管約翰‧麥葛瑞克（John McGoldrick）會談。巴塔鞋業把橡膠工廠的經理也找過來，那位經理馬上鉅細靡遺解說 EVA 的化學成分以及最適宜的溫度等等，很可能是打算拿科學來呼攏我們。保羅跟我才不吃這套。最後，他坦承工廠使用的 EVA 尚未經過充分測試。那位經理保證在保羅飛回波士頓之前做出六雙新的樣品。

至少我們找出了中底崩解的原因，能夠阻止之後再次發生這種狀況。然而，樣板變更的部分一定是因為巴塔鞋業裡的某個人測量了縫製時間之後，覺得稍微「改造」我們的鞋款會比較有效率。約翰也只能道歉，並保證未來決不會再有這種事。

解決生產製造問題之後，還有小小的財務議題要討論。兩萬雙瑕疵鞋已經送到波士頓的倉庫。好在，保羅尚未付款。巴塔鞋業提議保羅只要付半價就好，外加讓他延後三個月付款。保羅拒絕了。接著，他們提議保羅只要付四分之一的價錢就好，保羅還是搖頭。他不打算為了跟封存樣品不一樣的鞋子付一毛錢。

所謂的封存樣品是一個保障，確保工廠製造出的鞋跟訂單要求的一樣。工廠做出樣品鞋經過認可之後，左右腳會連同技

術細節被分別封進聚乙烯袋子裡。一腳放在工廠那邊，一腳交給顧客。這樣一來，雙方都有實體的證據，證明鞋子應該做成什麼樣子。在這次的例子裡，這讓我們能夠拿封存的樣品出來跟生產線製作出來的鞋子做比較。兩者不一樣，巴塔鞋業沒法開脫。

　　激烈辯論了幾個小時之後，巴塔鞋業同意不收那兩萬雙鞋的錢，自己吞下損失。然後，保羅帶著六雙「正統」的 Aztec 樣品回美國測試。

　　縱使我們能夠提供新鞋給退貨的顧客，我更擔心的是沒有退貨的那些人。我們在美國好不容易建立起的一點點品牌忠誠度很可能就此毀於一旦。當 Aztec 的持有者發現中底問題，他們以後就會改買 Nike 或 Adidas，而我們將失去許多回頭客。但保羅不這麼想。他了解美國的消費者文化，知道他們在這方面總是不計前嫌。謝天謝地，他是對的。儘管一開始出了這個大紕漏，往後的銷量仍持續成長。

　　同一年，也就是一九八○年，又有另外一個問題——哪次沒有！保羅聘請史帝夫·里基特（Steve Liggett）擔任製作經理，隨後派遣他去監管南韓生產線的設立。南韓工廠決定在確定有足夠訂單之前，他們不會單獨為 Reebok 設立一條生產線。也就是說，下訂單到實際製造之間會有好幾週的間隔，因為中間還要穿插生產其他不同公司的鞋款。倘若工廠因為大量訂單而不可開交，我們就會被推延到等候隊伍的末端。及時交

貨給零售商於是成了不可能的任務。

不僅如此，要把鞋子運出南韓需要支付證明。最常見的形式是銀行發的信用狀，但保羅在美國遇到的問題跟我在英國遇到的一樣，公司的成長榨乾我們的現金，所以銀行不會發信用狀給我們。我們需要資金挹注，這代表保羅不得不找到一個願意投資的合夥人。這段期間，我們只好繼續以較高的成本在巴塔鞋業生產鞋子。

保羅手腳很快，這是必須的。幾週之內，他就介紹我認識新的合夥人迪克・雷瑟（Dick Lesser）。保羅在當地的猶太社群結識這位麻州的生意人。迪克擁有一間巨大的倉庫，租給一間大型的啤酒公司。簡而言之，他的口袋很深。

之後不久，巴黎一間製作網球、羽球與壁球體育服飾的大公司主動跟保羅聯繫。他們正在找尋美國的經銷商，而有了新夥伴資助的保羅認為為這間公司提供服務，將能帶給美國 Reebok 更多金流上的幫助。雙方的律師魚雁往返，在合約的來去之間試圖達成協議。

資金的尋覓告一段落，南韓工廠終於給了生產製造的綠燈，而保羅也快要談成另一紙經銷合約，該是慶祝的時候了。

但就在我們稍微放鬆的時候，巴黎公司的經銷協議流局了，迪克・雷瑟也接著退出。跟保羅合作將近一年之後，他了解到在美國建立一個品牌要花多少錢。他很有錢，但仍遠遠不足以應付這種規模的挑戰，至少無法提供必要的信用額度。迪

克帶著資金離去，壓力又來了。

　　一九八一年，我在伯里的工廠接到一通緊急來電，是保羅在波士頓的銷售經理吉姆‧巴克萊（Jim Barclay）打來的。他說保羅因為疑似心臟病發而被送往醫院。原因很可能是憂慮的累積——巴塔鞋業做了一堆瑕疵品，然後需要信用額度才能從南韓取得鞋子，接著又遇上迪克‧雷瑟的退出。幸好保羅完全康復，兩週後回到工作岡位。

　　我們與一些可能的合作夥伴開了好幾次會，結果都徒勞無功。其中一位可能的投資者在帝國大廈有一間辦公室，而且本身就從遠東進口鞋子，所以對這一行有一定程度的認識。但還是不夠。他說 Nike 曾在創業之初找他投資，他因為當時拒絕 Nike 而懊悔不已。他相信在運動鞋產業裡已經沒有另一個 Nike 的位置，不希望因為選錯公司投資而丟人現眼，所以不願意參與。他先是有機會投資 Nike，後來又有機會投資 Reebok，結果兩次都拒絕了。後來的他會有什麼感想，我就留給你們想像了。

　　時間快要不夠。沒有持續的信用額度，南韓工廠將會很快停止供貨。一旦水龍頭被關上，訂單無法被滿足，我們就玩完了，要宣告破產。就是**這麼嚴重**。

　　巴塔鞋業做出的那些瑕疵鞋竟然成了當時美國 Reebok 的唯一浮木。保羅設法用折扣價販售那些瑕疵鞋，而因為巴塔鞋業沒有收取那些鞋子的款項，這對保羅來說等於是無本生意。

若不是有那些鞋子，他的現金早就用完了。我想這又是另一個適時好運的例子，諷刺的是，這次竟然來自一場錯誤。

回到波士頓，焦慮的保羅跟我找了美國普得利橡膠公司（American Biltrite）的老闆比爾·馬可仕（Bill Marcus）見面。比爾在英國有個朋友兼同事把鞋子的製造外包給韓國，而**那個人**可能會有興趣投資我們。

保羅趕到倫敦跟 ASCO 的總裁會面，ASCO 是彭特蘭集團（Pentland Group）的子公司。這個名叫史蒂芬·魯賓（Stephen Rubin）的男人衣著俐落，戴著領結，舉手投足都無懈可擊。這位灰髮的好心人就是保羅一直在尋找的救世主。

在會談的過程中可以清楚看出史蒂芬知道與 Reebok 合作的潛力。他是個聰明絕頂的人，二十一歲就曾代表自由黨競選議員。接著，就像我加入福斯特一樣，他也入主家族經營的利物浦鞋業（Liverpool Shoe Company）。

到了史蒂芬四十多歲的時候，他已經讓家族事業壯大為全英國最大的體育服飾與鞋履公司，也就是現在的彭特蘭集團。這份成就部分歸功於史蒂芬的卓越眼光。他是最早看出把生產線轉到海外低工資地區的前景的人之一，也在一九六三年成了全歐洲最早把鞋子生產外包到亞洲的人之一。

史蒂芬願意投資公司七萬七千五百美元。作為回報，他將拿走美國 Reebok 百分之五十五的股份，而且在美國只有 ASCO 有權取得 Reebok 的鞋子。對於保羅來說，放棄股份無

關痛癢。這份協議的真正價值在於取得信用額度，沒有信用額度，美國 Reebok 就沒戲唱了。迪克・雷瑟已經退出六個月，被逼到懸崖邊緣的我們沒有太多選擇。我們陸續接到許多訂單，但沒有資金可以實際把鞋做出來。

跟史蒂芬開過第一次會之後，保羅打電話給我。「喬，我必須為了資金放棄公司百分之五十五的股份。這樣一來，我手上的持股只剩百分之四十，除非你願意把你的百分之五還給我。可以嗎？」

我沒有花太多時間考慮。我們的品牌還小。事實上，若要說踏進美國市場，大概只有一根腳拇指跨過大門。過去十年試圖敲開美國大門的經驗教了我一件事，那就是資金比什麼都重要。你可以擁有世上所有的產品，但如果沒有錢把它們做出來，那什麼事都幹不成。

零售商訂購產品之後，通常會相隔三十天到六十天才付款。如果公司要資助遠東的工廠，加上運送、倉儲跟配送，還要等待款項入帳，大概要六個月才能賺回已經付出去的錢。要支撐這樣的營運需要幾百萬美金。我沒有幾百萬，保羅也沒有幾百萬。但史蒂芬有。

我確定就算我沒有交出手上的股份，保羅還是會接受史蒂芬的提案，但我把交出股份當作對他有信心的表現。為了讓 Reebok 在大西洋兩端成功，我們兩人都付出了一切。保羅拋下本來的事業，還把房子拿去二次抵押，他把全部的家當都梭

哈了。

這麼多年嘗試下來，最後的阻礙似乎總是資金問題。我不希望資金再次成為絆腳石。況且我仍是品牌的擁有者，任何新設計都需要經我同意，還能收取百分之五的權利金。如果保羅跟美國的 Reebok 就此失敗，我什麼錢都收不到，我們在美國也就混不下去了。於是我在一九八一年的八月請德瑞克·沃勒擬定轉讓股份的必要文件。

現在的保羅集齊了在美國闖出名堂的所有條件。傑夫跟我提供了品牌、一眼就能認出的鞋型、有辨識度的商標、獨一無二的大底紋路以及三款得到《跑者世界》五星評價的鞋子。如今他有能力資助這一切。終於，萬事具備。

話雖如此，往後幾年，史蒂芬·魯賓的參與讓保羅很頭痛。史蒂芬並沒有愛上 Reebok 這個品牌，他只是想利用保羅的銷售團隊把 ASCO 拓展到美國。他想叫保羅跟銷售團隊去聯繫百貨公司以及其他鞋履零售商，以比本地要價低廉的價格販售來自遠東的鞋子給這些商家。保羅有自己的想法。對他來說，ASCO 只是 Reebok 的採購代理商，而他的銷售團隊會依照這樣的思維去做事。他明明白白告訴史蒂芬，Reebok 不是 ASCO 的工具，而 ASCO 最好開始表現得像個代理商。不只一次，當史蒂芬以極端紳士的態度對保羅發號施令，火爆的保羅直接回嗆史蒂芬是他的合夥人，不是他的老闆。

儘管保羅已經對史蒂芬失去耐心，但他知道出錢的就是大

爺。如果沒有史蒂芬，我們就真的完蛋了。就算心不甘情不願，他總要我把史蒂芬「當作皇室成員對待」。雖然保羅會對我抱怨史蒂芬，但我學會不要牽扯其中。畢竟他們來自相同的文化與宗教，那不是屬於我的社群。如果兩人之間爆發衝突，我這個異鄉人夾在中間只會搞得鼻青臉腫。

｜27｜

天降神兵

　　一九八一年稍晚，彷彿天外飛來一筆，保羅派遣到加州的某個業務員搖身一變，竟然成了 Reebok 的下一個守門人。我、保羅或是這個業務員本人當時都沒有料到，但他確實手握一把鑰匙，在破紀錄的短時間之內把 Reebok 從不被看好的一方變成冠軍。

　　一九五八年，安卓・馬丁尼茲（Angel Martinez）跟隨親戚從古巴移民到美國，正好是我跟傑夫離開福斯特的那一年。跟多數美國小孩一樣，他的夢想是成為職棒球員。但一百六十公分的身高代表這份夢想注定遙不可及，畢竟當時職棒球員的平均身高約一百八十五公分。

　　然而，安卓還有另一個強項：跑步，尤其是長跑。他企圖成為奧運代表選手，所以非常認真看待這項運動，總是會入手當時最頂尖的專業鞋款。他通常會直接從奧瑞岡的一個車庫購買跑鞋，鞋子是那個賣家從日本進口的。那些跑鞋的牌子是

Tiger，而那位賣家就是尚未創立 Nike 的菲爾‧奈特。

　　然而安卓從菲爾‧奈特身上看見的不只是他進口的好鞋，他看見一個以自身熱情謀生的男人。安卓也想要這樣，於是他應徵了一份工作，幫《跑者世界》經營零售商店，當時這份雜誌決定要投入這個領域。後來《跑者世界》改變主意，覺得還是不要進入零售業為妙，安卓就把店買了下來，接著又開了第二家店，同時展開郵購副業。

　　他的公司營運不錯，但對安卓來說，工作的辛勞（訂購並維持倉儲存貨、管理員工、應付業務員）跟收益與生活品質的相關性似乎不成比例。當 Reebok 的兩名業務員走進他的店，他開始在心中質疑自己為何有著這麼長的工時，而且整天受困於兩間店裡。他每天見到的業務員都開著好車，多數時間都在跟店家老闆餐敘，而且往往不到傍晚就下班。他也想要過這種生活，是時候做出改變了。

　　安卓喜歡 Reebok 的鞋子。一九七〇年代，還是高中生的他曾透過郵購買過一雙。比起某個星期遊蕩到他的店面的那兩個沒頭沒腦的業務員，他確定自己一定比他們更擅長推銷鞋子。在安卓眼中，那兩個業務員顯然對於運動員以及他們的需求一無所悉。

　　他聯繫保羅‧費爾曼，替自己的兩家店找來經理，然後被任命為北加州、華盛頓與奧瑞岡地區的技術支援業務代表。安卓很快發現長時間出差並不如預想的輕鬆寫意，他幾乎隨時都

在旅行，一個月只有一週能待在家，這讓他的妻子法蘭琪
（Frankie）非常惱火。不用上路的那一週，安卓會盡己所能陪
伴妻子，包括陪她一起去健身房從事最新流行的運動：有氧體
操。

　　流汗伸展的同時，安卓敏銳精明地觀察出幾個狀況。首
先，課堂上所有女性的穿衣風格如出一轍，她們似乎都在模仿
帶操的教練。再者，學員們不是赤腳就是穿著笨重的運動鞋。
每堂課結束，安卓跟法蘭琪的腳總是又痠又痛。他認為這項運
動也需要專用鞋款。

　　安卓打電話給保羅・費爾曼，建議如果跑鞋的需求量開始
下滑，Reebok 會需要別的商品。他跟保羅說：「我們何不開發
女性有氧體操鞋款？」

　　保羅回答：「有氧體操？那是啥東西啊？」他沒有興趣。

　　然而安卓知道自己的想法沒錯，所以不輕易放棄。他轉而
求助掌管 Reebok 生產製造部門的史帝夫・里基特，同時帶著
畫在紙巾上的草稿，以及一雙他認為可以改造成有氧體操鞋的
釘鞋。

　　安卓向他解說：從事有氧體操的人需要壁球鞋的強力緩
震，還要舞鞋的柔軟性與外觀。安卓想使用袋鼠皮，也就是最
輕最軟的皮革。但袋鼠在一九八一年仍被列為保護動物，所以
美國限制這種皮革的進口。

　　他們決定背著保羅・費爾曼製作幾百雙鞋，使用小山羊皮

製成的手套皮革。我跟保羅一樣對他們私下的行動一無所知，後來讓我感到懷疑的是，如此輕薄的質料怎麼製成堪用的產品。微小的壓力就能讓厚度僅〇‧五毫米的手套皮革破裂。我們曾在 World 10 那樣的輕量跑鞋上採用這種面料，但必須用麂皮面來黏著鞋底，並且以尼龍線強化鞋面。

安卓跟史帝夫也在有氧體操鞋上採取類似策略，以黏性尼龍作為鞋面的內襯。這讓鞋子保有柔軟度與彈性，卻扼殺了皮革的自然透氣性。為了克服這個問題，他們在鞋面上打了通氣孔。終於，似乎可行的原型誕生，他們依此做出一小批鞋子。

接著，安卓花了一個星期造訪負責區域的健身房與有氧教室，把這些鞋子贈送給教練，並且解釋科技上的細節。但這些教練根本不在乎材質的由來或是透氣孔背後的科學，更讓她們心動的是類似舞鞋的外觀和舒服的毛巾料內襯。更重要的是，這是第一款專門設計給女性的健身鞋。所有教練都答應試穿，並在安卓下一次造訪時回報心得。

如安卓所希望的，當他再次現身，每堂課的女性學員都爭相想要同一款鞋。需求量顯然存在。有了史帝夫撐腰，安卓再一次去找保羅，試著讓他相信此類鞋款的商機。

保羅聽著安卓使出渾身解數滔滔不決。他跟保羅說有氧體操不只是一個新的運動風潮，也是女權運動的一種形式。在此之前，女性不該在公眾場合流汗，也不該擁有肌肉線條。在團體健身的課堂上，跟他老婆一樣的女性們透過肢體活動得到力

量。重點不只是運動而已，還有志同道合的純女性團體激發的強韌心理。

安卓也提到這個領域目前比較沒有競爭者。New Balance 是唯一意識到女性健身革命的品牌，但他們也只是把一款尼龍跑鞋做成白色版本，就說那是有氧體操鞋。安卓接著說，這個利基市場正等著 Reebok 這樣的品牌投入，而且很可能從此成為主流，用膝蓋想也知道應該怎麼做決定。

當時 Reebok 的定位正好適合提供專為女性設計的健身鞋款。Nike 跟 Adidas 正在爭奪男子跑步市場的王座，無視女性鞋款的需求提升。況且跟兩大品牌不同的是，Reeok 尚未被視為那種「飆汗」品牌。兩個最大的競爭對手給人的印象就是肌肉、堅毅與汗水，專門把鞋子賣給那些不顧一切拼命求勝的運動員。反觀，Reeok 被視作低調的專業鞋履公司，專門製作高品質的性能跑鞋。我們還不夠大牌，還沒跟主流融為一體，我們還沒達到被消費者貼上標籤的層級。在美國，我們的品牌「色調」是輔色而非主色，而這一次，這樣的狀態反而給了我們優勢。

花了幾個月的時間，但保羅終於點頭。而保羅的典型作風就是，一旦心意已決，決不會半吊子行事。就像他在一九七九年全力投入 Reebok，賣掉所有手上的事業、把家人住的房子拿去二次抵押一樣，他也在這款新的健身鞋上把油門踩到底，決定第一批就要生產三萬兩千雙。就連安卓都略感詫異。

回到 Reebok 的生產面，挑戰在於依照原型做出數千雙鞋。我們手腳要快。倘若安卓的評估是正確的，我們就必須快速供給這個市場，不然別的品牌可能會插隊，比我們更早搭上這陣風潮。

幸運的是，史帝夫‧里基特預見了這個問題，在安卓向他提案時就立即採取行動。不幸的是，他差點因此丟了工作。

身為掌管南韓工廠生產製造的人，史帝夫在沒有保羅的核准之下，搶到整條生產線的獨家使用權。當時我們原本一週只下定四百雙鞋，需求量遠遠不足以獨佔生產線。為了拿下整條生產線，史帝夫向南韓工廠承諾 Reebok 會**每天**下訂兩百雙鞋。保羅發現之後簡直氣炸了。他之所以沒有當場解雇史帝夫只是因為在南韓沒有替代人選，而且接下來三萬兩千雙鞋的生產還需要用到史帝夫的經驗。

如我所料，小山羊皮讓南韓工廠十分苦惱。這種皮料太薄，像紙一樣能直接用手撕破，根本承受不住製鞋過程的摧殘。縱使額外的尼龍內襯有幫助，鞋子的脆弱度仍是一項疑慮。若要行銷全國，勢必需要處理。有氧體操的市場仍小，但我們下的訂單大到足以讓皮革供應商跟我們一起尋求解決方法，後來的成果很可能帶來了運動鞋生產史上最大的變革。

為了讓街頭穿的鞋子保持形狀，多數的皮革都很堅固。當時為了我們的大量需求，鞣皮工開發出一種跟有別於手套皮革的獸皮，柔軟但紮實有力。於是我們可以移除尼龍內襯，鞋子

又能通風透氣了。對於運動鞋與街頭鞋款來說，這種新的皮革終究成為主流面料。

　　但新的問題又來了。移除尼龍內襯讓鞋子前端出現皺褶，看起來就像二手。生產線經理再次停止生產，詢問安卓跟史帝夫·里基特該怎麼辦。安卓喜歡那些皺褶，他知道西岸有氧體操教室裡的那些女生會覺得這樣的皺褶滿可愛的，反而會增添鞋子的吸引力。他要求生產線即刻繼續動工，保留前端的皺褶作為設計的一部分。

　　一九八二年，當 Reebok 正式推出這雙名為 Freestyle 鞋款的時候，我很擔心。在我眼中，這款鞋仍脆弱到不足以承受激烈的運動。然而，我對於英國跟美國消費者習慣的認知卻因此又更深一層：原來鞋子的耐用與否根本無足輕重。美國的女人們很愛這款鞋，根本不在乎穿壞，壞了再買一雙新的就好了。如果同樣的事情發生在英國，眾人的抗議必定會傷害品牌名譽。若英國推出這麼不耐用的商品，我們絕不可能全身而退。這又更進一步證明，美國市場對 Reebok 來說絕對不可或缺。

| 28 |

迎頭趕上

Freestyle 在加州上架不到兩週就售罄，原本預期會有不錯接受度的保羅跟安卓也被爆量的需求驚呆了。安卓是對的，Reebok 不只搭上商機，還捕捉到隨著女性團體健身活動而來的文化轉變。Freestyle 跟有氧體操一起成了代表。但是還要再等兩年，有氧體操才在美國成為主流，至於美國之外的流行時間就更長了。為了推波助瀾，我們核准了一個行銷的大動作。

首先，安卓跟保羅聯繫了網球名將崔西・奧斯汀（Tracy Austin）的姊姊丹尼絲・奧斯汀（Denise Austin）。丹尼絲是加州最知名的健身大師，某次在她登上洛杉磯一個大型博覽會的舞台之前，他們請她穿上 Freestyle 示範有氧體操動作。丹尼絲愛上了這款鞋，也許就算沒有贊助也會繼續穿，但我們還是付錢請她在面對電視鏡頭或是教授體操課程時穿上 Freestyle。然後，如同安卓在他妻子的有氧體操課堂上所觀察到的，不管丹尼絲穿什麼，她的學員都想要。

　　原版的全白配色之後，Freestyle 很快有了各種顏色，先是淺粉紅與淺藍，接著是更大膽的紅色、黃色與橘色——這些配色不僅跟鮮豔的有氧體操服飾相呼應，在運動鞋上也是前所未見。每一波發售都造成從西岸擴散至東岸的轟動，女人們想要入手每一款新的配色。

　　我們在一九八三年推出針對男性的高統版本 Ex-O-Fit，帶有魔鬼氈束帶與三圈腳踝支撐襯墊，並且用很陽剛的方式廣告說這款鞋是設計給「懂得怎麼流汗的真男人」。

　　但讓銷量衝破雲端的還是女性，因為她們不只穿 Freestyle 去健身，也穿去上班、休閒、玩樂，甚至穿去高級的正式場合。

　　好萊塢傳奇女星珍・芳達（Jane Fonda）在一九七九年推出一系列居家運動影片，她不需要贊助之類的遊說就直接加入了 Reebok 一族。早先的影片裡，她都是赤腳出現在鏡頭前，往後幾年，她主動選擇穿上 Freestyle 拍攝教學錄影帶。

　　Reebok 在無心插柳的狀況下讓運動服飾跟都會街頭潮流結合在一起，而這樣的組合極具爆發力。在紐約，Freetyle 含稅後的價格是五十四・一一美元，所以嘻哈圈裡的人都稱它為五四一一。現在，Reebok Freestyle 不只是市面上最柔軟舒適的鞋，也是最潮最酷的鞋。

　　有氧體操的流行程度繼續呈指數成長，催生了整個系列的 Reebok 服飾與配件。在 Reebok 健身產品銷量飛升的同時，

Nike、Adidas 與其他品牌繼續做壁上觀，深信有氧體操與女性運動的市場只會曇花一現，不過是一時的風尚，轉眼就會沉寂消失。

等他們明白這個潮流會一直持續下去時，已經太遲了。Reebok 早已被定位為有氧體操品牌，形象根深蒂固，其他公司幾乎沒機會分一杯羹。我們壟斷了有氧健身的市場好幾年。

一九八〇年代中期，當旁觀的 Nike 繼續把重心全放在男子跑步，跑步市場先是停滯，然後開始下滑。又一次，另一間公司的不幸在最恰好的時機給了 Reebok 亟需的機會。

因為 Freestyle 在每個地方都供不應求，我們迫切需要新的產能。史帝夫已經請南韓的工廠全速製造鞋子，但仍遠遠不夠。現在的我們需要更多鞋，如果延遲出貨，競爭對手就會趁虛而入。好在，剛剛好就在這個時間點，Nike 跑鞋的銷量已經降低到必須減少遠東工廠的產量。

保羅馬上指示史帝夫接收能在南韓找到的所有空缺。Nike 在哪裡減少產量，我們就在哪裡下訂單填補需求。這是救命仙丹，**對我們跟工廠**來說是。倘若 Nike 沒有在此時減少產量，我們必定無法及時供應不斷訂貨的零售商，這個美好泡沫就可能破滅。

可想而知，這對美國的生意很有助益，但也因為那裡不可思議的需求量，換我們的國際經銷商飢腸轆轆。保羅難以跟上美國對有氧體操鞋的需求，無論對工廠下多少訂單，還是追不

上消費者的購買量，因此海外的經銷商下訂的鞋也全被轉往美國。當然，這造成很多抱怨，但保羅沒有別的辦法。他手上的市場是最要緊的，無論如何都必須先餵飽美國這頭巨獸。

其他領地也要靠美國推廣品牌。沒有美國市場的加持，Reebok 無論如何都跳脫不出中小企業的格局。這就是美國的力量。作為趨勢與品牌的推動者，美國在全球影響力上首屈一指，在美國發生的任何事都會對世界其他角落產生巨大影響。日本在這方面也很強大，但跟美國仍不處於同一個檔次。我現在已經在美國點燃火苗，接下來要做的就是抱持著希望慢慢等待，靠著有氧體操的助力，Reebok 也能在大西洋的這一端大鳴大放。若是如此，英國的 Reebok 也將隨之崛起。若非如此，嗯……其實沒有這個選項——非要如此不可。

美國有氧體操商品帶來的權利金，讓我們在英國得以雇用更多人員來管理全世界的經銷網絡。找到有語言能力的人以當地的母語傾聽經銷商的不滿與埋怨，這點確實幫助很大，讓疑難排解變得簡單許多。

我也開始尋覓新的據點，因為有必要把製造部門與行銷部門擺在同一個地方。布萊特街的工廠沒有足夠的辦公空間，所以我只好利用伯里郊區托廷頓（Tottington）會計師辦公室樓上的兩間空房。這樣運作了一段時日，但這本來就是權宜之計，現在我必須更靠近生產單位。少了傑夫之後，每當工廠出問題或是需要老闆的指令或簽名，我就必須驅車前往伯里。這

種事三不五時發生，擾亂我原訂的行程與計畫。

　　當時我們在英國仍算不上特別大的企業，但在當地堪稱成功典範，頗有名氣。因為外國的代表團、要員與政治人物來訪，Reebok 讓市鎮得到商業方面的關注，地方議會因為擁有我們而驕傲，也亟欲把我們留在行政區內。於是我決定利用這份聲望，問他們有否適合租給 Reebok 的場地。他們提供了拉德克利夫的布萊德利佛德（Bradley Fold）一棟巨大建物，就位於伯里與博爾頓的交界。

　　原本座落於此的工程工廠 Matt & Platt 後來被同樣知名的當地企業 Dobson & Barlow 取代，那是為西北部蓬勃一時的紡織業生產機具的廠商。二十世紀之初，光是博爾頓就有兩百座紡織廠。九千名任職於紡織業的當地居民裡，一半以上都是 Dobson & Barlow 的員工，鞏固了這間公司在蘭開夏歷史上的地位。在過了八十年之後，換我們使用這個位址，讓我不禁想像 Reebok 也被載入地方發展的史冊。做做夢無妨嘛。

　　廠房的廣闊空間遠遠超出我們所需，我們選擇把自己安置於以前被用來當作社交廳的地方。當初司諾克撞球在綠色的球檯上碰撞，現在我們聽著電腦與傳真機發出的沉悶聲響，從前的娛樂廳則傳來生產線的金屬交響樂。

　　結構上的改革與行政面的重組都是表面。所有事業的血脈都是員工，所以我決心盡可能保留布萊德街上的忠心老員工，然而新的廠區距離舊工廠大概有八英里之遠，而多數員工沒有

方便的通勤方式。

我想起在創立水星之初曾造訪約翰・威利・強森位在貝克普的廠房，員工與管理階層之間的忠誠與相互尊重讓我印象深刻。我時常回想那個景況，約翰知道每一個員工的名字。不管是管理者還是清潔工，他都一視同仁。我試著複製那樣的環境，創造出同樣友善的氣氛，效果似乎不錯。許多員工都跟著我好幾年，風雨同舟。天氣許可的時候，我們會在以前的工廠舉辦管理階層與員工同樂的午餐板球比賽。我必須回報這份忠誠。於是我買了一輛小巴，請可靠的經理諾曼每天早上載員工來工廠上班，下班再送他們回家。

伯里與博爾頓據點的擴張某種程度上協助了生產製造與隨後的倉儲，但在英國還有其他需要克服的挑戰。最主要的就是做任何事都不要快過美國的進展，美國的擴張必須是第一優先。

打入美國市場一直是我的夢想，也是驅策我前進的動力。跟 Nike 一樣，我們的產品一定要有「量」，而這只能在美國這種人民有閒錢的地方才能達到。Nike 有兩億四千萬名潛在顧客，每個人口袋裡都有閒錢。反觀英國，我們的人口不到六千萬，多數人沒有多餘的錢可供揮霍。英國只有幾個特別富裕的地區，像是柴郡（Cheshire）、薩里郡（Surrey）以及倫敦市中心，那些地方的女性才有餘裕購買有氧體操鞋這種奢侈品。換作伯里這樣的工業區，如果家庭主婦需要新鞋，一定會把錢拿

來買一雙新的膠底帆布鞋或雨靴等等的實用品項。

目前我對於在美國之外的地區推廣品牌沒有太大興趣，包括英國本土。我就只是讓工廠維持運作，然後定期到卡特‧波卡克納里開會而已。我更在意的是把美國變成我想要的樣子，那裡才是主戰場。只要搞定這個目標，剩下的都能順水推舟。保羅做了所有正確的決策，而我們現在握有 Freestyle 這個爆紅鞋款。所有的跡象都顯示 Reebok 在美國的成長，而我希望這將打開通往世界的閘門。

到了一九八四年，保羅的營收是一千三百萬美元。很龐大的數字，但在美國仍是小公司等級。英國的生意也不錯。我們從美國收取權利金，製作並販賣自己的商品，按照卡特‧波卡克的需求行事，而且因為跟美國合作的關係，能夠以較低的價錢從南韓取得產品，但我們營收仍然不到一百萬美元。

現在就是比耐心了，等待美國的成功浪潮擴散到大西洋的另一端，襲捲英國以及全世界。

| 29 |

醞釀改變

　　就跟 J. W. Foster & Sons 在一九〇〇年代中期的黃金歲月一樣，一九八〇年代早期與中期的 Reebok 似乎做什麼都是對的。一九八二年的 Freestyle 跟一九八三年的 Classic Leather 與 Ex-O-Fit 都瞬間成為爆紅商品，擁有創新 Gore-Tex 鞋面的 Victor G 也是如此，更不用說以 London 跟 Paris 為名的路跑鞋。我們還特別為一位南非跑者設計了一款很受歡迎的鞋，也直接以他的名字為這雙鞋命名。

　　中距離跑者悉尼‧馬里（Sydney Maree）雖然是個黑人，卻因為國際對南非種族隔離制度的制裁而被禁止參加許多國際賽事，這大大限制了他的機會。然而，在一九八一年成為美國公民的他透過經紀人跟 Reebok 簽約，受邀參加首屆第五大道英里賽（Fifth Avenue Mile）。他將在這條沿著中央公園外圍長達二十個街區的直線賽道與史蒂夫‧克拉姆（Steve Cram）、雷‧弗林（Ray Flynn）以及伊蒙‧柯格蘭（Eamonn Coghlan）

等名將對決。我跟保羅一起站在大軍團廣場，看著馬里以三分四十七・五二秒的成績率先衝過終點線。這項紀錄至今仍未被打破。

一九八三年悉尼・馬里穿著 Reebok 背心與自己的同名鞋款打破史蒂夫・奧維特（Steve Ovett）的一千五百公尺紀錄。Reeok 在這個年代鞏固了田徑場上的成就，更在女性健身領域居於顯要位置。接著，Reebok 很快在另一項運動展現實力。

我們為 Freestyle 開發的「創新」軟皮革將要永遠改變運動鞋產業。以前運動鞋的鞋身堅韌，需要花時間「把鞋穿軟」。如今，其他公司也追隨我們的腳步，製造柔軟舒適的高機能運動鞋。

網球為這樣的新款運動鞋提供機會。當時打網球的人穿的都是硬皮白色網球鞋，其中最受歡迎的大概是 Adidas 的 Stan Smith。但等到皮革被穿軟，鞋子看起來也破爛了。我們創造了 Phase 1 網球鞋，用我們那款柔軟的新皮革製成，搭配跟 Freestyle 一樣的毛巾料內襯。這雙鞋被視為男子與女子網球鞋的革命性產品，第一雙不需要花時間穿軟的網球鞋。一個厚臉皮的廣告宣傳也讓這款鞋甫上市就得到眾人關注：

Reebok「球」你穿穿看

如果你穿過比 Phase 1 更棒的網球鞋，我們會把錢退給你，同時附贈一筒網球。

　　保羅很緊張，怕這則廣告讓我們自食惡果。他買了兩大箱網球，等著大家來退錢。結果跟先前的 Reebok 鞋款一樣，Phase 1 大受好評，保羅只需要送出幾筒網球而已。推出網球系列鞋款的第二年，我們就靠著這些場上場下都好看的鞋子吃下五分之一的美國網球鞋市場。

　　原本被視為專業跑鞋廠商的我們，現在已經跟網球與健身畫上等號。讓我們的鞋子出名的地方不只是舒適與時尚，還有提升運動表現的性能。保羅知道若要繼續擴張，就必須把這些正面評價的效益最大化，而對他來說，只有一個可行的做法。

　　最近幾乎每次交談，他都會拋出一些暗示，要我把品牌賣給他跟史蒂芬‧魯賓。儘管我們已經得到全球性的關注，公司的規模仍然相對小，保羅擔憂的是贊助人史蒂芬沒有全心投入這個品牌。

　　史蒂芬對 Reebok 的投資不可或缺，保羅幾乎全面仰賴他的金援。他擔心史蒂芬會因為沒有完全掌控品牌就決定限縮他的信用額度，進而帶來災難。倘若少了史蒂芬的經濟力量，保羅就如龍困淺灘，無法滿足目前接收到的海量訂單，尤其是 Freestyle 有氧體操鞋。

　　他需要把所有條件串聯在一起，抓住有氧體操的成功打鐵趁熱。五星評價的跑鞋持續熱銷，但跑鞋市場已經漸趨飽和，所以在體育用品店的「鞋牆」上擁有獨特的商品是我們必須不惜一切做到的事情。唯有如此，才能提升品牌在商業區的能見

度。

Reebok 的崛起速度愈來愈快，如果要走得更遠就必須盡所能延續這股氣勢，就算這代表我要犧牲自己的股份。

如果我把品牌賣給保羅跟史蒂芬的控股公司彭特蘭集團，史蒂芬就更有可能全心投入 Reebok，源源不絕提供擴張所需的資金。我其實沒有太多選擇。

顯而易見，巨大的成長必定發生在美國，而公司需要把握這份成功帶來的每個機會。**為此**，一定要有穩定的現金流——很大筆的錢。簡而言之，公司需要史蒂芬・魯賓。如保羅所言，如果說某個人（也就是我）可以選擇隨時關掉公司，史蒂芬怎麼會願意持續投資百萬美元呢？

截至目前為止，我對保羅的這項要求總是輕描淡寫帶過——「好啦，好啦，保羅，我們再看看」、「我們之後再談」、「等時候到了再說，保羅」。但現在感覺起來時候到了，我必須認真考慮這個提案。

我回想一路走來遇到的關鍵時刻以及它們所代表的意義。每一層阻礙、每一個問題跟每一份挑戰都教我一課。我總能從中獲得些什麼，在往後受用無窮：鼓起勇氣從家族事業出走、在不知道會不會因為未支付的商標註冊款項而倒閉的憂慮之下過活、抓住機會首度造訪美國以及美國運動製品協會展覽、在羅倫斯體育瓦解之後設法繼續前進、從舒朗恩與他那些數不清的信件之中培養耐性、在第一次跟保羅・費爾曼見面之後相信

自己的直覺。還有現在，明白 Reebok 的重點非關我或傑夫，而是公司的成功。

與其在此時因為不願意行動而導致失敗，不如選擇放手。最要緊的是做出對 Reebok 最好的決定。

問題在於孰輕孰重：我個人賺的錢還是更遠大的宏圖？最重要的是讓 Reebok 成長為全球第一的品牌。當時經營公司的還不是會計師和西裝革履的律師，而是對這個品牌有熱忱的人（史蒂芬除外。他對品牌沒有興趣，但是提供品牌需要的錢，所以我們姑且不計較他的動機。）。跟我一樣，這些人想知道公司究竟能走多遠，**這就是**誘因。關鍵是全面發揮公司的潛能，而這份潛能究竟到什麼程度，只有放任公司自由成長才能知道——不管有我，還是沒有我。

一次又一次的教訓讓我學到，做生意需要資本以及取得產品的能力。多虧了史蒂芬，現在的我們有了資本，所以至少不會被淘汰出局。事實證明，產品的取得更為困難。我們有幸得到適時的好運，這對 Reebok 來說也不是第一次了。倘若 Nike 沒有恰好在那個時間點抽身，他們就會繼續佔據南韓工廠的所有產能，而我們將無法得到足夠的產品。

該是我功成身退的時候了。在美國的 Reebok 成功擴張之前，我在國內外都沒有太多作為的空間。傑夫過世之後，能量已經從伯里轉移到美國。顯然，無論下一個階段會是什麼，總之一定會先在美國發生。我必須解除他們的壓力，不能總要他

們打電話跟我報告：「我有一個想法」或是「我考慮嘗試這個做法」。這只會造成更多阻力，只會拖慢他們的速度。必須讓他們放手去幹，不要受我這個擁有最終決定權的遠方守護者妨礙。

我的角色已經完結。我給了保羅設計、品牌、五星評價以及回溯到一八九五年的黃金歷史。我給不了的是足夠的資金。保羅把所有的熱情、精力與家產都投進品牌裡，現在還取得史蒂芬・魯賓的金援。我不能阻礙 Reebok 前進，我已經證明自己是個成功的企業家，有時候就不該緊抓不放。我決定放手。

我在一九八四年同意把 Reebok 國際有限公司的智慧財產權（也就是品牌）以及 Reebok 體育有限公司的所有股份都賣給彭特蘭集團新設立的一間公司。那間新公司成了後來的 Reebok International Ltd，在美國、加拿大與墨西哥註冊了商標，同時雇用我為國際部門的總裁，專門打理美國之外的地方。

我以當時看起來合理的價格賣出品牌，保羅也承諾隨著 Reebok 發展，會有更多錢進到我的帳戶。當然，沒有人知道有氧體操的風潮會變得多麼巨大。就算在最狂野的夢中，我們也無法預見 Reebok 變成一間價值數十億美元的公司。倘若當初我有稍微料到，沒錯，我大概會選擇保留一些股份。千金難買早知道，回頭想這些也沒有意義，什麼都改變不了，只會讓腦子糾結成一團。

簽下了文件，我就等於把品牌拱手交給新的 Reebok International Ltd，史蒂芬持有百分之五十五的股份，保羅則是百分之四十五。我毫不後悔，只覺得終於卸下肩頭的重擔。當然，銀行帳戶裡多了那麼一大筆錢也很不錯。我可以退居幕後，鬆一口氣，享受餘下的旅程，包括在 Reebok 席捲美國的同時開發國際市場。那時我四十九歲，可以好好品味下一步，環遊世界，而且不用擔心誰來付擔旅費。

事實證明，美國以外的世界也不得不注意到 Reebok，不管是在電視螢幕上、在印刷廣告上、在頒獎台上、在重大賽事上、在健身房、在工作場所、在各大店舖，每個人都想要 Reebok。我們收到來自全球各地的詢問，大家都想知道哪裡可以買到 Reebok——西班牙、葡萄牙、義大利、希臘、德國、瑞士、波蘭、捷克斯洛伐克、瑞典、以色列、南非、馬來西亞、香港、新加玻、日本、澳洲……族繁不及備載。而且跟以往財務拮据時不一樣，我們不用為了需求量的波動而挖東牆補西牆，我們終於有了充足的資本支持。我唯一需要做的就是確保 Reebok 在世界各地都有經銷商。但首先，我必須先搞定自家——英國。

卡特‧波卡克賣掉他們的事業，我們之間的協議也隨之終結。我從來沒弄清楚真正的原因，但我猜大概是因為他們發現公司在南華克橋路上的房產本身比生意更值錢吧。卡特‧波卡克的角色空出來之後，我必須找別人來接手英國的經銷，但要

找誰呢？本來史蒂芬要我負責，但我清楚表明自己不可能在掌管英國的同時繼續在國際開疆拓土。

那個時候我跟克里斯‧布拉舍的關係還很好。他是英國最傑出的運動員之一，而且永遠會因為以定速員的身分協助羅傑‧班尼斯特突破一英里的四分鐘壁壘而名留青史。此外，受到紐約馬拉松的成功所激勵，克里斯籌辦了倫敦馬拉松，在一九八一年三月二十九日的第一屆比賽就吸引了兩萬名跑者共襄盛舉。

我們的友誼從我為他的店鋪供貨開始，多年來我們會互通電話閒聊，內容多半都是克里斯在抱怨 Reebok 的價格太高。後來，克里斯與他的事業夥伴約翰‧迪斯利（John Disley）設立了一間叫做飛毛腿（Fleetfoot）的經銷公司，取得 New Balance 的經銷權。

幾年前，我打電話恭喜克里斯舉辦倫敦馬拉松成功，他嚇了一跳。我賣的是 Reebok，他賣的是 New Balance，我們是跑鞋界的競爭對手，然而當時我由衷為他的成就感到開心。我料想倫敦馬拉松對大家都有利，會把美國的路跑風潮更引進英國。事實證明我猜對了，產品的需求量明顯增加，兩個品牌都因為這項賽事獲益無窮。

當時我在思索 Reebok 在英國最適合的經銷商人選時，克里斯‧布拉舍的名字又跳出來了。這是顯而易見的選擇，他經驗豐富，而且是個好人。問題是，我能否說服他離開自己創立

的經銷公司？

　　我想說試一試也無妨，於是約他在飛毛腿附近的湖區見個面。豐盛的晚餐、上選的紅酒與絕佳的威士忌之後，我們說好要合作，雖然是醉醺醺口齒不清的口頭協議，但至少是個開始。我很想相信是我的個人魅力（配上大量的酒精）吸引克里斯跟約翰轉投 Reebok，但吸引他們的其實是史蒂芬・魯賓跟他充足的資金。史蒂芬的財力配上 Reebok 的魅力，克里斯深信 Reebok 的未來只會愈來愈光明。

　　成長的動力不只得益於有氧體操市場的品牌辨識度，也來自大型國際跑步賽事上的曝光。史帝夫・瓊斯（Steve Jones）在一九八四年穿著 Reebok 的 London 跑鞋贏下芝加哥馬拉松，以兩小時八分鐘五秒的成績粉碎世界紀錄。接著，他又在一九八五年穿著後來成為傳奇的 Paris 跑鞋以破賽事紀錄的兩小時八分鐘十六秒拿下倫敦馬拉松。

　　歷史總在重演。跟早期的福斯特一樣，每一次張揚的勝利都讓我們的名聲在跑步界傳得愈來愈廣。此外，有氧體操也同時讓我們的品牌愈來愈受世界各地的女性歡迎。我們在成功的旋風之中狂喜飛升，而且我們在美國以外的世界才剛要起步，未來顯然還有更多明媚風光。

| 30 |

剩下的地方

保羅・費爾曼領軍美國，克里斯跟約翰把飛毛腿改名為英國 Reebok，還有史蒂芬・魯賓提供兩者資金，我的焦點轉移到叫做「美國以外全世界」的小地方。

幸好我在一九六〇年透過 Willson Gunn & Ellis 專利事務所盡可能在世界各地都註冊了商標。當時我跟傑夫才剛剛起步，在這方面花大錢實在是大膽之舉，後來我們也差點因為沒付帳單而破產。我就是在那時第一次遇見德瑞克・沃勒，他隨後成功說服法院撤銷停業呈請，讓我們得以度過那場危機。現在的德瑞克已是團隊不可或缺的一份子，我們的成功建築於他負責的法律基石之上。

我以為我們的品牌在所有重要的地方都受到保護，但其實仍有一些例外。日本就是其一。東京有間大型百貨公司的名字發音與 Reebok 相近，於是德瑞克出馬談妥條件。

西班牙是另一個特例。我們的品牌名稱在那裡遭到「盜

用」，也讓我第一次親眼見識到德瑞克的高超手段。在西班牙，任何人都可以把任何名字拿來註冊，無論那個名字為誰所擁有。這似乎很奇怪，但之前環遊世界的經驗（尤其是德黑蘭跟南韓）讓我學到，**任何時候發生任何怪事都不奇怪**。

我在亞利坎提（Alicante）安排了一場會議，我與德瑞克要跟在西班牙註冊 Reebok 這個名字的兩個人見面。我後來才知道，他們是從一個專業公司買到 Reebok 這個名字。那個公司專門註冊擁有全球性潛力的商標名稱，Puma 也曾被這個詭異的法律漏洞惡搞。

我們在一家餐廳的私人包廂坐下，跟對方討論 Reebok 品牌在西班牙的所有權歸屬。符合邏輯的想法是，註冊名字之後營運二十五年的我們才是理所當然的獨家擁有者，而不是這兩個西班牙的投機份子。然而，邏輯在西班牙的法律程序裡似乎無足輕重。

出於禮貌的點頭與握手之後，德瑞克開始從我方的角度解釋目前的狀況。他滔滔不決講了五分鐘，停下來看著對面兩張沒有表情的面孔，然後低聲跟我說：「喬，他們一個字都沒聽懂。他們不會講英文。」

這場會議白開了。在美國跟英國之間往返多年，所有會議自然都是以英語進行，所以我們兩個都沒想到應該要在西班牙雇一名翻譯。顯然，對方也沒想到這點。我們設法傳達給對方的對方的唯一訊息是，幾週之後我們會帶著能夠擔任翻譯的人

回來。

德瑞克有個波蘭朋友，女兒剛從西班牙工作回來，我們就在兩週後帶著本來是旅遊公司代表的伊凡娜（Yvonna）出席會議。也許因為伊凡娜已經習慣每天處理度假者的種種抱怨，她擁有一種輕鬆自在的氣質，瞬間讓雙方的敵意消散。

兩個西班牙人願意放棄 Reebok 這個名字的持有權，唯一的條件是要讓他們擔任 Reebok 在西班牙的經銷商。雙方持續談判了好幾個小時，最後的協議是：我們將保有品牌名稱，但必須指派他們擔任十年的經銷商，而且十年之後他們可以選擇續約。我們約好隔天早上再次見面談妥細節。

德瑞克祭出慣用的策略，表示他至少想要在協議中移除兩個條款，也至少想要修改兩個條款。隔天早晨一坐下，他馬上拋出震撼彈，明白告訴對方，他不會答應十年之後對方可以自行決定是否續約，Reebok 必須擁有買回西班牙經銷權的選項。伊凡娜帶著微笑把這段話翻譯給對方聽，兩個西班牙人臉色驚恐。德瑞克接著宣布：「我們必須在合約裡訂下西班牙經銷公司的價格。」

兩個西班牙人齊聲抗議：「我們要怎麼決定一間還沒開設的公司的價格？」

「價格多少不是重點。」德瑞克冷冷回答：「我們只需要一個合法終止合約的方式。」

兩個西班牙人的臉上又浮現笑容：「所以要開價多少都可

以？」

「沒錯。」

伊凡娜、德瑞克跟我離開房間，留下兩個西班牙人討論要為尚未啟動的企業訂下什麼價格。他們沒花多少時間就把我們喚回房內。他們想要在合約上寫下兩千萬比塞塔，在當時約莫等同一千萬英鎊。所有人的眼光都放在德瑞克身上。他兩手的指頭互碰，直直盯著前方。我知道他進入了「德瑞克狀態」，但對面兩個人面面相覷，在沉默之中感到不自在。笑容出現在伊凡娜臉上，原來她以前也見識過。她跟我冷靜地環顧房內，兩個西班牙人繼續怯生生互看，然後看著我們，然後亂翻眼前的文件，等著德瑞克說點什麼，什麼都好。

「好吧。」一兩分鐘之後，他終於開口：「可以接受。」當德瑞克俯身簽署文件，我看到他對我眨了眨眼。幾年之後，西班牙人會來找我們抱怨，說當初設的價格太低，可惜德瑞克早已把這個數字牢牢釘在合約上。

伊凡娜的表現很好，於是我們請她在未來一年擔任Reebok 在西班牙的聯絡人，Reebok 總公司會支付薪水，而西班牙 Reebok 會提供住宿。結果，Reebok 太喜歡伊凡娜，後來決定永久雇用她。

除了美國跟英國之外，法國是唯一一個我們堪稱擁有「經銷商」的地方。我曾跟一位名叫強馬克・戈薛（Jean-Marc Gaucher）的年輕法國跑者談成協議，因為他打電話到我們的

工廠，想買幾雙鞋回去巴黎賣給他認識的運動員。我們定期寄送少量 Reebok 鞋給強馬克，他後來決定在巴黎開設一間店，於是成為我們的經銷商。我很喜歡強馬克，他讓我想起年輕時的自己，急著在人生中有所進展，有好的構想，也有好的心腸。我同意成立法國 Reebok，跟他分別持有百分之五十的股份。我用的錢是賣掉移動房屋賺來的，就是我跟傑夫在一九六〇年代衝動買下的「歐洲辦公室」。

隨著強馬克跟 Reebok 成長茁壯，我去拜訪過他很多次，每一次他都換開更好的車：原本是一開門座椅就會掉出來的老舊小台寶獅（Peugeot），最後變成閃亮亮的新款捷豹。靠著我提供的些許財務協助，這個身無分文的運動員先是成為法國 Reebok 的共同擁有者，後來更開創自己的品牌 Repetto，在巴黎以及其他地方都設有鞋店。很高興我對他的成就有所貢獻。

花在出差上的時間開始有了回報。西班牙跟法國就位了，接著是東南亞 Reebok，總部設在香港，管理的範圍涵蓋印尼、菲律賓與新加坡。我最常使用的辦公空間是繞行全球時從商務艙座椅扶手拉出來的筆電桌。

長久以來，我享受獨自在英國或是世界各地旅行，有時會跟我的國際團隊成員一起。雖然我都會邀琴同行，但她總是偏好待在家裡陪伴已經長大的凱跟大衛。過去十年，我至少有一半的時間不在家。我猜有些人會說我沒有盡到父親的職責，現在回頭看，我發現我只是在重演自己經歷過的親子相處模式。

我提供家人經濟與物質方面的支持，但不可否認的是沒有情感方面的支持。

我不只構想並且打造了 Reebok 這座旋轉木馬，而且還讓它轉得太快，快到我下不來——其實我也不想下來。這份吞噬一切的熱情讓我沒有辦法把時間留給 Reebok 之外的東西，包括我的家庭。看著 Reebok 成長帶來的亢奮就像小時候贏得跑步比賽帶來的腎上腺素激增，讓我感覺自己是重要的，感覺到成就、成長、成功。如果 Reebok 沒有走上正確的道路，我就會什麼都感覺不到，我會變得隱形，就像多年前賽道上那個小男孩，父親只在他跑贏的時候才會給他關注。我必須繼續前進，才能感覺自己活著。

｜31｜

名流加持

　　一九八五年五月十八日，我五十歲了，希望人生才過了一半。天啊，五十歲耶！時間到底都跑哪去了？我的人生充實而精采，這點無庸置疑，但年至半百的我還沒準備拋下工作，坐在搖椅上安享退休生活。雖然我已經把品牌賣了，但我覺得這只代表下個階段的開始。

　　擁有百分之五十五股份的史蒂芬・魯賓成為 Reebok International Ltd 的董事長，擁有百分之四十五股份的保羅・費爾曼的頭銜是總裁兼總執行長。而身為國際部門總管的我必須完成多年前啟動的夢想：讓 Reebok 成為真正的全球性品牌。

　　讓品牌獲益良多的是，美國的保羅開始跟小溫德爾・尼爾斯（Wendell Niles Jr）合作。他是深具影響力的製片人，也是廣播與電視節目的主持人。他的家族扎根在好萊塢名流圈的歷史就跟福斯特家族製作運動鞋的歷史一樣悠久。小溫德爾的父

親是傳奇的廣播主持人，而他遺傳了父親的活力，也接收了父親的人脈，他那不折不扣的黃金名片夾裡滿是體育界與影視界明星。

這位宣傳行銷大師一出手，我們的鞋子開始在各處出現，包括國際傳奇巨星的腳上。一九八五年，西比爾‧謝波德（Cybill Shepherd）在艾美獎的紅毯上穿著亮橘色的高統 Freestyle，引起媒體爭相報導。同年，米克‧傑格（Mick Jagger）穿著 Reebok 運動鞋跟大衛‧鮑伊（David Bowie）一起在〈Dancing in the Street〉的音樂錄影帶中起舞。隔年，我坐在曼徹斯特的電影院跟一群觀眾一起屏氣凝神看《異形》（Aliens），螢幕上雪歌妮‧薇佛（Sigourney Weaver）穿著極具未來感的 Reebok Alien Stompers 在太空船裡獵殺外星異種。Reebok 成了鞋履界的搖滾巨星，銷量爆炸性成長。

下一波宣傳主攻我們已經佔有百分之二十的網球市場。Reebok 透過小溫德爾成為國際網球賽事的主要贊助商，其中最星光閃閃的莫過於七月在蒙地卡羅（Monte Carlo）舉辦三天的世界職業網球員暨名人賽，這場耀眼的盛會是蘭尼斯三世（Prince Rainier）為了支持已故妻子的葛麗絲王妃慈善基金會而舉辦。

尊榮的名義配上絕美的地中海背景，吸引名人們爭相前來跟職業網球員一較高下。同時，大型企業的執行長們則受邀參與次要賽事。球賽的內容總是充滿娛樂性，而且競爭激烈，因

為多數的名人都是真心想贏，尤其是羅傑‧摩爾（Roger Moore）與約翰‧福賽斯（John Forsythe）。午餐時間是跟職業網球員混熟閒談的好時機，其中包括生涯拿下二十八座大賽冠軍的澳洲傳奇羅伊‧愛默生（Roy Emerson）、印度兄弟亞肖克‧阿姆里特雷吉（Ashok Amritraj）與維傑‧阿姆李特維雷吉（Vijay Armritraj）

在蒙地卡羅鄉村俱樂部，Reebok 有俯瞰四個表演球場的貴賓包廂，隔壁包廂留給法蘭克‧辛納屈（Frank Sinatra）。我從未看過他參加比賽，但我確實記得一個很不真實的瞬間，就是勞勃‧狄尼諾（Robert De Niro）探頭進來問我們知不知道法蘭克跑哪去了。我說法蘭克在巴黎大飯店包了一整層樓，也許去那裡可以找到他。所有人都住在巴黎大飯店，小溫德爾為了所有受邀的職業網球員、影視名人與企業嘉賓把那裡包了下來。

○○七系列從一九六○年代早期開始就是電影文化的一部分，而讓詹姆士‧龐德（James Bond）這個角色成為傳奇的兩個演員史恩‧康納萊（Sean Connery）與羅傑‧摩爾曾在某屆賽事一起現身。這讓琴有了千載難逢的合照機會，她就坐在兩大巨星中間。史恩有點慌，伸手在○○七風格的燕尾服上摸來摸去。

他用輕柔的蘇格蘭腔低聲說道：「我好像把午餐券弄丟了。」我向他保證：「我想不會有人阻止你進去吃飯。」

　　接著，我走上花園的舞台，介紹賽事獎項的頒獎者。開口之前，我先停頓一下，看到瓊・考琳斯（Joan Collins）跟蘭尼斯三世分別站在我的兩側，台下則有一整片知名的面孔抬頭看著我。我認出查克・羅里士（Chuck Norris）、琳達・埃文斯（Linda Evans）、米高・肯恩（Michael Caine）以及史蒂芬妮・鮑華絲（Stephanie Powers），但除了這些人之外還有很多很多。哇賽！真的只能驚嘆了。

　　那天晚上，我們在 Salle des Etoiles 舉辦晚宴，這個美輪美奐的場館擁有可以在好天氣開啟的屋頂。所有球員與明星都共襄盛舉，這一次包括法蘭克・辛納屈。約翰・福賽斯（他在美國影集《朝代》〔Dynasty〕裡飾演布雷克・卡靈頓一角）走到我的桌旁伸出手說：「嗨，喬，很高興再次遇見你。」

　　我嚇傻了。「約翰，我們之前只見過一次耶。」我說：「你怎麼記得我的名字？」

　　他回答：「我就是靠這吃飯的。」

　　除了透過蒙地卡羅名人賽沾這些明星的光之外，Reebok 贊助的球員也在網球場上貢獻許多備受關注的勝利，包括曾拿下法網冠軍的張德培與阿蘭查・桑琪絲・維卡里奧（Arantxa Sanchez Vicario）。當時的張德培才十七歲又三個月。不是要否定他經歷過的種種艱苦訓練，但他確實是個運動天才，擁有與生俱來的絕妙特質，那是每個國際級球星必備的——格外出色的手眼協調、極限的運動能力以及打死不退的求勝意志。我

很感恩，三者之中我至少擁有其一。

　　披著網球光輝的我們接著被引進常人無法踏足的的英國馬球世界。透過羅納德‧佛格森（Ronald Ferguson）少校的引薦，我們贊助皇家柏克郡馬球俱樂部（Royal Berkshire Polo Club）的幾項賽事以及在溫莎大公園（Windsor Great Park）舉辦的一場特別賽。在那場盛會中，查爾斯王子頒發了一只水晶碗給我。

　　這是現實嗎？我真的在馬球活動上跟皇室成員相處甚密？我的公司真的提供鞋子給黛安娜王妃、約克公爵夫人，以及她們的小孩嗎？因為不敢置信而搖頭成了我的習慣，直到跟富豪及名人往來幾乎成了日常。

　　現在的 Reebok 已經成了全球知名的品牌，但讓我難過的是沒有太多博爾頓人知道那裡是我們的發源地。很少人知道 Reebok 跟福斯特以及創造跑步釘鞋的祖父喬之間的關係。我覺得自己有義務做些什麼來對家族致敬，沒有家族奠下的基石，Reebok 無法展翅高飛。

　　剛好有個機會讓我這麼做。我的辦公室仍是工廠的一部分，但現在國際部門（行銷）必須與生產隔開。公司已經任命一個新經理掌管伯里工廠，因此我不太需要插手生產製造方面的事務。我現在管理超過二十個海外經銷商，必須為此重責大任另闢一間辦公室。我堅持地點一定要在家鄉博爾頓。起初把據點設在伯里是因為不想直接跟父親與福斯特競爭，如今兩者

皆已遠逝，是時候衣錦還鄉了。感覺起來這是正確的事，也能讓當地居民了解 Reebok 與福斯特的關聯。

博爾頓議會提供很多舊建築給我們選擇，但我不想要整修翻新。我想把 Reebok 放在一個讓人感到驕傲的地點，不要跟別人共享，不要經歷修繕，不要躲躲藏藏。這是讓 Reebok 在博爾頓的工業發展史上留名的機會。最後，他們給了我一個殷斯特都特街上靠近城鎮中心的位址。談妥協議之後，Reebok 國際部門的新總部便開始動工。

跟傑夫在伯里的廢棄釀酒廠創業之後大概過了二十九年，現在我站在人行道上，看著起重機在家鄉的土地上為新的辦公大樓開工。真想知道傑夫會如何看待這樣的成就。縱使他曾多次表示擔憂與疑慮，但我想他應該會拍拍我的肩膀說：「喬，我一直都知道我們會做到。」我也試著想像父親、祖父喬與瑪麗亞祖母的表情，我確定他們都會很驕傲。祖父喬會為自己播下的種子感到與有榮焉，瑪麗亞祖母會確保我穿得夠暖。那父親呢？我猜他也會以我為榮，只是很可能不願說出口。

｜32｜

文化衝突

　　當我全神貫注於養育最年長的孩子 Reebok，我的女兒讓我晉身祖父。凱結了婚，離了婚，然後再婚，跟兩個丈夫各生了一個孩子。保羅（Paul）在一九八一年出生，接著是一九八六年生的馬克（Mark）。老天待我不薄，在各方面都是：家庭、事業與社交。事業蒸蒸日上，家庭開枝散葉，社交圈又涵蓋地表上最知名的幾個巨星，夫復何求？對於一個來自博爾頓小巷的男孩來說還不賴吧！

　　二十五年來，我多半選擇把家庭與事業分開，但這次琴詢問能否跟我一起出差，主要是因為某些好友搬到紐西蘭，她想藉此跟他們見面一敘。

　　亞雷克（Alec）曾是幫水星製作文具的印刷商，事業失敗後他到紐西蘭的吉斯伯恩（Gisborne）另覓印刷工作。當我到澳洲搞定一只經銷合約的最後細節，琴先前往紐西蘭跟亞雷克夫婦待上幾天，我隨後過去找他們。

接著，我跟琴從紐西蘭飛到日本參與日本 Reebok 的啟動。從第一趟環球之旅開始，我多次造訪東京，在尋覓經銷商的過程中見過不少日本大公司，但真的沒那麼容易。這個國家對於貨物進口有獨特的規範，有一定的流程必須遵守。

我們必須先設立或找到一間貿易公司，透過這間貿易公司購買並資助產品、處理文件與海關事宜以及外匯問題。接下來才能把產品賣給經銷商，經銷商再對店家推銷產品。

對我們來說，這平白增添了一層成本，會導致日本的 Reebok 商品比如今易名為 Asics 的 Tiger 昂貴。我們希望在指派經銷商之後，店家就能直接向我們下訂單。跟多數國家一樣，我們會聘僱一個報關代理來處理貨品清關事宜。然而試圖跳過貿易公司的談判徒勞無功，結果我們找了丸紅株式會社（Marubeni）擔任貿易公司，再請住友商事（Sumitomo）擔任經銷商，兩者一起負責日本 Reebok 的營運。

當我在東京花四個小時參加冗長的會議，日本 Reebok 的主管們精心款待琴，把她當作皇室成員禮遇，帶她遍覽這座城市。等到我們在晚宴上入座特等貴賓席，我太太對他們的待客之道不只是讚譽有加而已。然後，情況急轉直下。

琴跟我坐的貴賓席就在舞台旁邊。主菜端上桌之後，燈光漸暗，主秀登場。我看見琴的眼睛愈睜愈大，臉頰從紅潤變成猩紅。日本 Reebok 請了四個來自英國的脫衣舞孃，她們正對著貴賓席大秀裸體，彷彿是我們這桌專屬的私密餘興節目。

　　我轉頭看主辦人，他們顯然沒能注意到琴臉上的驚恐，竟然還衝著我微笑，希望我喜歡這段「英式」表演。脫衣舞結束，琴憤怒瞪著我，她原本的好心情已經蕩然無存。更糟的是，那四個舞孃「穿好衣服」後坐到我們這桌，但跟全裸其實差不了太多。她們顯然被交代要特別殷勤對待我這個貴賓，琴的厭惡也隨著她們的職業級調情節節升高。

　　舞孃們終於離去。琴對著我惡狠狠地說：「我想走了。現在！」

　　我向在場的人們道謝，說我太太累了，然後搭禮車回飯店，琴一路上沉默不語。進到房裡，她爆發了。

　　「顯然你**出差**不在家的時候都在搞這些。」

　　我能說什麼呢？這是不同的國家，有著不同的文化。他們不了解我們，如同我們不了解他們。這只是我在旅途上碰過的諸多文化衝突之一，不巧的是，這次琴跟我在一起。主辦人認為這是特殊禮遇，因為找來的是英國女孩，倘若琴不在場的話確實如此。既然身在對方地盤，琴應該尊重他們的待客之道，就算有違我們的思維，也要把心胸放寬一點。下一趟出差，我獨自上路——琴跟我都覺得這樣比較好。

　　日本與英國不只在文化面截然不同。就跟貿易公司系統的例子一樣，他們實際做生意的方式也與我們迥然相異。我們後來發現日本 Reebok 竟然收購了高爾夫球場的股份，這讓 Reebok International Ltd 成了持有球場百分之二十五股權的共

同擁有者。似乎很奇怪，但日本的經銷商認為這種擴張品牌的方式完全合乎邏輯。也因為如此，我們很快發現擁有高爾夫球場比賣鞋子好賺！

歐洲文化比較容易理解，而我的下一站是義大利。我飛到米蘭去見翁貝托・科隆博（Umberto Columbo），他是班尼頓（Benetton）集團底下義大利鞋子品牌 Divarese 的總執行長。公司位在往北約莫三十五英里的瓦雷澤（Varese）。翁貝托顯然很懂鞋業，而班尼頓深諳經銷之道，所以他們是經銷商名單上的首選。

那天向晚，翁貝托載著我穿越風景絕美的鄉間，開上聖馬利亞德爾蒙特村的聖山。我們坐在一間小餐館的露臺，喝著義大利紅酒，眼前是山下村莊的紅屋瓦，夕陽從倫巴底（Lombardy）跟皮埃蒙特（Piedmont）的原野漸漸落下。此情此景讓我不禁對自己所擁有一切的心懷感恩。每一次的旅途中，我總提醒自己要找時間停下腳步感受，活在當下。這絕對是適合這麼做的時刻，接下來還有更多精采的體驗等著我。

跟德瑞克・沃勒一同審視過翁貝托的提案之後，我們簽署了文件，允許他成立義大利 Reebok。這是 Reebok 國際部門的最新生力軍，在搬遷到自己的辦公大樓以及倉庫之前，他們會先透過 Divarese 的工廠營運。

我在這趟旅途上有個旅伴，就是有氧體操鞋爆紅背後的關鍵人物安卓・馬丁尼茲，後來他升職為總公司的行銷副總。剛

成立的義大利 Reebok 銷售經理吉安凡科‧塔路奇（Gianfranco Terrutzi）邀請我們以班尼頓車隊的貴賓身分觀賞一級方程式賽車。機會難得，我們不會錯過。我跟安卓都稱不上所謂的「車迷」，但有哪個腦袋沒問題的男人會對這樣的邀請說不？

吉安凡科從 Adidas 跳槽來 Reebok。過度充沛的精力讓每個遇過他的人都記住他，沒有遇過他的人也在談論他，結果就是他結識了每一個人。他安排我跟安卓進去賽車檢修站參觀，請工作人員開車載我們環繞賽道，而且還讓我揮舞方格旗來通知車手週五的練習時段結束。又有另一個孩提時代的夢想成真了。

國際團隊快速擴張。當時我們幾乎每一季都攬進一個新的經銷商，而我下一個瞄準的是德國。沒錯，我要深入敵營，在龍潭虎穴設立德國 Reebok。我們知道全德國的體育用品店裡都不會有 Reebok 跑鞋的空間，畢竟那是 Adidas 跟 Puma 的地盤，但有氧體操又是另一回事了。

德國 Intersport 的總執行長感受到美國的健身狂潮，他非常想要分一杯羹，希望我們進駐他的店面。他急著想讓我見識他的事業，所以來機場接我，開著馬力強大的賓士載我到海德堡（Heidlberg），也就是電影《學生王子》（Student Prince）的家鄉。穿過高速公路，我們很快就抵達了。這也不奇怪，畢竟他的車速是每小時兩百公里。這趟旅程在很多方面都是走馬看花，但已經足以讓我們以絕佳的條件取得 Freestyle 鞋款的訂

單。

我們現在要把規模再擴大。我造訪多處，面試可能擔任德國 Reebok 總執行長的人選。我們計劃要在九月份的慕尼黑體育用品展覽會上舉辦盛大的公司成立典禮，還安排了百老匯風格的歌舞表演。現在的壓力在於要找到填上這個職缺的人，我的選擇是理查·里茲爾（Richard Litzel）。他給人的第一印象有點過於拘謹僵硬，但其實是個溫暖良善的人。尋找總執行長的任務完成之後，公司成立之前我大概只剩幾百件事要辦。

然而，就在慕尼黑體育用品展覽會開幕的前幾天，當德瑞克·沃勒正在為德國公司的文件確認細節，我得到理查不出任總執行長的消息。

我問德瑞克：「現在怎麼辦？」

「只有一個辦法。」他回答：「你來當總執行長。」

我就這樣被冠上德國 Reebok 有限公司總執行長的頭銜，以及隨之而來的種種責任。好極了！嫌我工作不夠多就對了！

慕尼黑體育用品展覽會完美落幕，至少我是這麼聽說的。我在展覽會期間躲了起來，德瑞克叫我保持低調，警告說 Puma 的律師團在找我，他們認為 Reebok 鞋面的橫向線條抄襲了他們的 Formstripe 標誌。保持低調並不簡單，畢竟我現在是總執行長，需要盡可能爭取曝光度以及公眾關注。我迴避了百老匯風格的歌舞表演，然後盡量減少待在 Reebok 攤位上的時間，總算暫時躲過 Puma 法務團隊的獵捕。

　　我絕不可能身兼國際部門的總裁與德國 Reebok 的總執行長，所以我一回到英國就跟德瑞克・沃勒討論脫身之道。就在我們熱烈交換想法的同時，電話響起，是理查・里茲爾。他想要解釋自己拒絕就任的原因。在我們聯繫他的時候，他是網球拍品牌 Wilson 的總執行長。若要接手，就會剛好在慕尼黑體育用品展之前丟下 Wilson。他的良心不允許，所以寧願過 Reebok 提供的機會，也不願辜負 Wilson。我跟理查說我欣賞他的道德，但還是想問他現在願不願意接任。謝天謝地，他答應了，讓我卸下肩頭一大重擔。

　　在一九八七年的慕尼黑體育用品展覽會上，理查擔任德國 Reebok 的總執行長，美國行銷團隊在私人會館安排了一場特別表演。小溫德爾請好萊塢明星珍・西摩爾（Jane Seymour）飛來跟德國的體育用品零售商講話。舞者出身的珍轉往演藝圈發展（代表作應該是○○七電影《生死關頭》〔Live and Let Die〕裡的龐德女郎一角），現在是穿著 Reebok 的諸多 A 咖女星中的一員。

　　在其他比較小的國家，經銷區分不如德國清楚。某些經銷商除了 Reebok 之外還經手別的品牌，瑞士就是一例，而我就是在那裡遇到我們的新成員魯迪・席格（Ruedi Sigg）。魯迪的事業觸角很廣，他握有任天堂電玩以及火柴盒模型車的瑞士經銷權，開了玩具連鎖店，連出版業也摻一腳。

　　魯德的人生歷程豐富多彩，他在美國待過一段時間，在那

裡學會開飛機。其他的成就包括成為高山滑雪比賽冠軍、拉力賽車手以及一百公尺短跑選手。說到把一天當兩天用，他就是最好的例子。

當我到巴塞爾（Basel）拜訪魯迪，他決定開車載我登上一座陡峭的山，讓我看看瑞士、德國跟法國的交接處。那是漆黑的冬夜，地上還積了一呎深的雪，但這無法阻止魯迪用拉力賽的方式飆車。輪子飛快旋轉，雪花四濺後方。我只能看見眼前一片白，但魯迪保證我們的車仍開在道路上，多多少少還在。當我在恐懼中抓緊座椅，我們的車子在樹林裡穿梭，每每差點撞上大樹，最後在山頂一處空地猛然急停。拖著還在顫抖的雙腿，我跟著魯迪爬上結著霜的木塔。比起觀光行程，這更像是某種耐力賽，但確實令人永生難忘，也造就一段至今不衰的友情。

一九八七年夏天，我前往波蘭，一個面對蘇聯在共產東歐威壓下仍試圖堅定立場的國家。促成此行的是德瑞克·沃勒。他有一些波蘭朋友，其中包括我們在西班牙的翻譯伊凡娜。有個生意人透過德瑞克詢問我們能否考慮在波蘭生產鞋子，在當時那是唯一能在該國販售 Reebok 鞋款的方式。

我跟一個同事搭機抵達華沙（Warsaw），在希爾頓飯店報到後去見德瑞克介紹的人。我們討論在當地生產製造的可能性，但似乎除了足球鞋之外，波蘭人對各種運動鞋都沒太大興趣。對方並沒有安排我跟任何體育用品製造商見面會談，從這

一點看來就一清二楚了。結論令人失望，但有其他原因讓這趟旅程令人難忘。其中一個是親眼看到車子在市中心排了二十列，只為了取得汽油。另一個是兩個人在希爾頓吃一頓午餐竟然只要兩美元左右。

然而，那趟波蘭之旅最難忘卻也最朦朧的經驗出現在離開當天的下午。我們受邀跟波蘭的體育部部長會面，他先是給了我們一些紀念幣跟紀念鑰匙圈，然後邀我們喝一杯。

我們移步到一個有著舒服沙發椅的小房間，餐桌上擺著一大碗新鮮草莓還有四只伏特加杯。請他的女助理加入我們之後，我忘了我們到底乾了幾杯，每一杯都是酒精濃度百分之三十五的斯利沃威茨。我們鼓著塞滿草莓的臉頰不斷舉杯。當我重拾足夠的意識，看了看手錶，提醒歡樂的主人我們必須趕一班飛往曼徹斯特的飛機，而且沒剩多少時間了。部長大手一揮，要我毋須擔心，再一次為我們把酒杯酌滿，口齒不清地說：「敬好朋友，也敬一路順風。」接著，他請助理叫來一台禮車。

這個時候距離飛機起飛已經非常接近。儘管酒精緩解了我的焦慮，我還是明白我們絕對來不及在時間內辦妥登機程序。原來真的不用擔心。禮車並沒有把我們送到機場航廈，而是直接開到英國航空飛機的登機樓梯下，不用櫃檯報到，不用辦理出境，不用檢查護照。樓梯上站著一個男空服員，用訓練有素的笑容遮掩心中的不快，把我們帶到前排的兩個座位上，然後

我跟同事一路酣睡到曼徹斯特。從此，只要碰到斯利沃威茨這種酒，我一定迴避。

｜33｜

潮起潮落

Reebok 的國際部門現在成了極具影響力的重要集團，而我的任務也從增添更多國家轉為管理以及處理個別的需求。各國經銷商愈來愈需要服飾產品。比起鞋子，品牌服飾更能帶來曝光度。當時的我們還沒有服飾部門，所以允許各國自行少量生產，只要款式得到英國總部的認可，就如同我先前跟卡特·波卡克的合作方式一樣。

我們鼓勵各國經銷商在服飾方面合作，很多時候可以共用製造廠商。款式多半很簡單，只有田徑服、運動背心、短褲跟汗衫。比較特殊的例子又是西班牙。他們早期的生意主要來自海岸區的遊客，所以決定製作一系列泳裝。跟我們的品牌概念不太相符，也沒有得到「官方」認可，但這樣做合情合理，而且我們也從中收取不錯的權利金，於是就讓他們繼續。

然而保羅希望全球的 Reebok 服飾都能一致，他的想法是，世界各地的消費者都能買到一樣的商品。既然全美國只有

一個服飾系列，那麼全世界也應該只有一個服飾系列。這種狹隘的思維也許跟保羅害怕搭飛機有關，他不常旅行，所以沒有體驗太多美國以外的不同文化。我跟他說這樣做會適得其反。假設消費者身處挪威，就會想要保暖的衣物；如果消費者身處南歐，則會想要輕量的棉質衣物。美國的大尺寸上衣如果套在日本人身上，看起來簡直像是洋裝。重點是理解不同文化之下的市場，而這已經成了我的專長。但是保羅的固執勝過了理性，他在沒有諮詢我的國際團隊與海外網絡的情況下設立了全球通用的服飾部門。

全球的經銷商都受邀到波士頓的總部鑑賞 Reebok 的新款服飾。當美國的服飾團隊展示新衣，國際團隊成員非常興奮，想看看能訂購什麼商品到各自的領地。保羅・費爾曼上台的那一刻，房內籠罩恭敬的沉默。他感謝各位經銷商出席，請他們在鑑賞完服裝之後下訂。

一段時間之後，保羅的服飾團隊圍繞著他，討論為何經銷商們興趣缺缺。保羅再次站上台要大家注意聽。「你們現在就必須挑選商品下訂單。這些就是我們下一季的服飾，全球皆然。現在開始你們不能再透過別的管道購入服飾，而我們這週就必須把你們的訂單交給工廠。」

台下的經銷商都在搖頭，他們搞不懂為什麼要這樣，都跑來找我一探究竟。我要他們別慌，如果看到中意的產品就先下訂單，如果不確定的話，就暫且按兵不動。

　　訂單量很少，這讓保羅擔憂。我跟他說我早就警告過，倘若在設計初期不納入國際團隊的意見，整個系統就運作不起來。縱然百般不願，他還是同意讓我接手。我請經銷商們不要擔心，姑且先專注於鞋款，然後相信我會找出服飾方面的解決方法。

　　我做的第一件事就是派一名國際服飾經理在波士頓跟美國的服飾團隊一起工作，同時建立全球性的合作。我們在波士頓建立一支小團隊，負責協調美國境內的鞋款、服飾以及行銷。同時，我們也在博爾頓建立另一支小團隊來管理海外區域。這樣一來，我就能夠專注於策略與推廣。

　　然而，一通打到美國的電話讓我的人生風雲變色。當時我跟德瑞克・沃勒都在保羅的辦公室，保羅給我們看他安裝的小精靈電玩機台，說那可以「讓他放鬆」。我跟德瑞克面面相覷。電話的鈴聲阻止我們對保羅的新玩具發表評論。保羅接起電話，態度突然從笑鬧轉為嚴肅。他把電話拿給我，用嘴型表示：「是琴。」

　　電話另一頭的琴泣不成聲。我從頭到尾只聽懂了兩個詞，但也夠了：「凱……白血病……。」

　　我小心翼翼把電話掛回去，彷彿不敢打破沉靜。德瑞克跟保羅盯著我。

　　「凱，我的女兒。她得了白血病。」

　　凱是個聰慧活潑的女孩，對生活的熱愛無與倫比。她喜歡

美髮工作，寵愛兩個兒子，她的熱情很有感染力。二十七歲的她現在卻跟死神面對面，怎麼會這樣？

保羅馬上抓起電話，叫秘書幫我訂好下一班飛往英國的班機。

那是我第一次搭乘協和號客機，也就是當時世界上最快的噴射機，但僅僅三個半小時的航程還是讓我感覺猶如天荒地老。我的胃部糾結，六神無主，思緒亂竄。為什麼是凱？她的兒子保羅跟馬克怎麼辦？他們還那麼小，一個才六歲，另一個才一歲。

往後十二個月，凱必須經歷讓人痛不欲生的化療，接著是骨髓移植。多數時間都在住院，往往連續好幾週待在隔離病房。我盡可能把出國的差旅分配給其他同事，但還是有幾個早就安排好的國外商業會議，非我親自出席不可，雖然我實在不想離開凱身邊。

待在國內的時間，每天一下班我就驅車前往曼徹斯特的克莉絲蒂醫院，陪凱度過夜晚。

她的兩個兒子搬來跟我和琴同住。雖然我跟琴能夠見凱很多面，但十歲以下的孩童禁止探病。試著向兩張淚濕的臉龐解釋為什麼不能見媽媽，讓我的心都碎了。我們所能做的就是盡一切可能讓兩個孩子開心並且安心。

凱只有在少數情況下可以離院，當她血球數量穩定，而且沒有因為好幾回的化療而反胃的時候。其中一次是在一九八七

年十二月的嚴寒早晨參加博爾頓的國際部門辦公大樓的落成典禮。

我站在石階上的入口。六個月前，在保羅·費爾曼的協助之下，我在這裡埋下了不鏽鋼製成的密封時光膠囊（裡面放了一雙 Reebok 鞋還有跟時間相關的文件）。我對台階下的大批群眾致詞，包括工廠員工、家庭成員、許多記者以及幾個當地的達官政要。

現在的我們懂得在活動裡添加些許好萊塢風味。卻爾登·希斯頓（Charlton Heston）當時剛好在英國的松林製片廠（Pinewood Studio）拍戲，於是受邀成為揭幕典禮的首席嘉賓。其他與會的名人包括當紅影集《霹靂警探》（*Hill Street Blues*）的演員薇洛妮卡·哈梅爾（Veronica Hamel）、跟我們友好的演員兼製作人約翰·福賽斯，職業網球員亞肖克·阿姆里特雷吉，還有馬球圈的羅納德·佛格森少校（約克公爵夫人莎拉之父）。

讓凱很高興的是，小溫德爾說服「太空超人」杜夫·朗格（Dolph Lundgren）來參與盛會，而那一天最讓我興奮的事情就是看到杜夫跟凱有說有笑。

我在致詞中談到 Reebok 如何成長為世界第一的品牌，談到我有多麼驕傲，不只是為自己，也為博爾頓這個城鎮。致詞之後，原定要由卻爾登·希斯頓為牆上的一面牌匾揭幕，但是他遲到了。我不想因為拖延時間而流失媒體，於是請母親上台

代為拉繩揭開簾幕。她很開心，等卻爾登到場給她一個擁抱時，她更開心了。接著，卻爾登重演一次揭幕流程供媒體拍照，一如往常瀟灑帥氣。

落成典禮結束之後，我們安排曼徹斯特的哈雷管弦樂團（Halle Orchestra）在博爾頓市政廳表演。除了全體員工之外，我們也邀請了世界各地的經銷商，還有兩百位學童。那是一場非凡的盛典，小溫德爾不愧是娛樂業教科書等級的人物。

當我站在側聽觀賞這幅景象，不禁思索父親會如何看待。一向不愛大張旗鼓的他可能會認為不需要如此鋪張，覺得這樣很浪費錢。他喜觀保持低調，但 Reebok 早在很久很久之前就已經沒辦法低調了。

｜34｜

死亡與重生

當凱繼續與白血病奮戰，我跟小溫德爾‧尼爾斯一起前往蒙地卡羅，到蘭尼斯三世的宮殿裡討論那年的網球名人賽。我們從設有武裝守衛的側門進入，被引領穿過一道道鋪著地毯的走廊，抵達一個華美的接待區。蘭尼斯三世在侍者的護送之下前來接見，看到小溫德爾跟他有如老朋友般的互動，我不禁感到佩服。後來小溫德爾才告訴我，他曾透過好萊塢的人脈結識葛麗絲王妃。

在我們啜飲香檳的同時，蘭尼斯三世問了許多關於Reebok的問題，小溫德爾提及凱的病情。蘭尼斯三世的悲傷之情溢於言表。他離開房間，回來時拿著一本關於蒙地卡羅的書，上面有他的簽名，堅持要我轉交給女兒，並且表示希望在下一屆的網球名人賽與她相見。我能抱持的也只有希望了。

縱然不願意接受，但我心裡明白凱過不了這一關。她的狀況沒有好轉。真要說起來，她變得更糟了。除了讓她連續幾個

星期動彈不得之外，治療似乎沒有太大效用。

　　但她確實有幾段相對健康的時候，在一九八八年的夏季，凱有辦法離開醫院兩回。第一次是出席 Reebok 在六月舉辦的慈善活動（一如往常透過小溫德爾的協助）。「博爾頓群星夜」為了在鎮上建造一座臨終醫院募了驚人的一萬一千五百英鎊，而我的好萊塢熟人約翰‧福賽斯與杜夫‧朗格都前來共襄盛舉。

　　下一個月，凱的狀態好到足以陪同我與琴前往蒙地卡羅觀賞我們贊助的網球名人賽。我們在巴黎大飯店訂了套房，要她帶上小兒子馬克以及一名保姆。馬克的哥哥保羅則跟他的父親待在一起。

　　跟往年一樣，這次又是星光熠熠的盛會，好萊塢明星加上網壇傳奇球員，跟我們這些的企業贊助商混在一起。在某個晚上的特別餐會上，羅傑‧摩爾走到我們這桌，拿了一條小溫德爾準備的金項鍊給凱。琴、凱跟我都說不出話來。凱是因為「詹姆士‧龐德」竟然主動來找我們說話，琴跟我則是因為小溫德爾的這個舉動實在太過貼心慷慨。

　　等我們在那年初夏返回英國，精疲力竭的凱又被送回醫院。我知道時間不多了，但每當似乎油盡燈枯的時候，凱的健康狀況又會反彈到相對良好的程度。

　　一九八八年的十月二十日是我的心完整無缺的最後一天。得到消息的時候，我正在美國參加 Reebok 的活動。凱突然走了。沒有逐漸的惡化，甚至沒有急遽的惡化。倘若我知道她在

鬼門關前，絕對不可能出國。她就這樣離開了。

是誰告訴我這個消息，我人在哪裡，我當下怎麼反應，關於這些的記憶全都模糊不清。我只記得眾人擔憂的眼神、光禿禿的牆壁以及突如其來的幽閉恐懼。我需要離開辦公室去做點什麼，彷彿只要動起來，我剛剛聽到的事情就不會是真的。

已經不知道多少次，我身處這間大樓，坐在辦公室松木辦公桌的這一頭，看著對面那幾張裱框的家庭照，現在我卻覺得自己不認得這些。我感覺渺小、寒冷、脆弱，像是在一大群陌生人裡迷路的小孩，不顧一切急著要捉住什麼熟悉的事物，不管是物理上還是情感上。我想要距離沒有人情味的企業世界一百萬英里遠。我需要回到兒時的臥房，靠在母親身上，感受她的手臂換抱著我跟哥哥，聽著父親沉穩的聲音，看著窗外的世界化為一片火海。

我永遠不會忘記那趟回家的旅程。縱觀一生，命運在最適當的時機給了我許多好運與機會。但我在那一天明白了命運也可以很殘酷。繫上班機座椅的安全帶，朝已逝女兒的方向飛，三千英里的距離足以讓驚嚇—否認—渴望的迴圈循環好幾次，我的心靈拒絕接受，不願相信。白髮人送黑髮人，違反了自然律，這是不對的。

眼前的一切都像是謊言。座位上方的塑膠板、空服員的微笑、機艙窗外的雲朵。我以前全都見過，我接受這些景物是旅途的一部分，我預期在下一趟旅程見到這些景物，我記得上一

趟旅程裡的這些景物。但現在感覺不一樣了，這些景物像是電影裡的道具，一起構築了騙我相信女兒去世的一場大陰謀。這些景物全都該為此負責，全都該受責怪。如果全部消失，也許這個謊言也會被戳破。

我閉上雙眼，我什麼都不信，我誰都不信。空服員送上飲料跟餐點，我把身體推向椅背。也許酒精能讓易碎的心舒服一點。但曾經在多次社交場合為我紓解壓力的好夥伴約翰走路威士忌這一次也背叛了我，在這沒有信用的世界裡，就連酒都成了假朋友。

「悲痛欲絕」這個詞被濫用了。因為多次出現在陳腐老套的情境下，所以沒有能力去描述父母親的喪女之痛。對於一個失去女兒的父親來說，極度的純然淒涼不只因為自己無能為力，也因為知道自己再也不能見到孩子充滿感染力的笑靨，再也不能在嬉鬧調笑之後看到她帶有責備意味的表情，再也不能看見她在兒子踢足球或是坐在祖父膝上聽故事的時候顯露的母性驕傲

但最難以承受的是為人父的信用破產。無論你遵循什麼教養學派或你的兒女年紀多大，父親對女兒的主要義務就是保護。我應該是她走向未來的道路上的守護神，我應該是讓她免受傷害的哨兵。我應該引領機會到來，擊退所有絕望，好讓幸福開花結果。在這方面，我失敗了。

琴跟我用不同方式面對凱的死亡，喪親的夫婦往往如此。

她的情緒是外顯的，每個人都看得見；而我把情緒都往肚裡吞，壓縮到幾近爆發的程度。跟我父親以及他的父親一樣，我的信念是，處境愈艱難，強者愈該維持鎮靜的表象。情緒要私下消化，不是拿來與他人分享。

琴因為我表現出來的冷感而憤怒。她想要我跟她承受一樣程度的傷痛。她無法理解我為何**沒有感受**同樣的沮喪、憤慨、罪惡、責難。怒氣四散，辱罵紛飛。言語成了傷害對方的武器。琴不斷控訴我人生中的優先順序，有些確實讓我耿耿於懷。我為什麼把 Reebok 放在家人之前？**我真的有這樣嗎？**我開始質疑自己的選擇。

我把整個人生的重點都放在動能、進步、成長與成功。沒錯，也許可以說這多半關乎自己的成就感，而起初這也是驅策我前進的力量。然而，當生命中的這份空缺被填補之後，商業成就只是養家活口的工具。我就只懂得這個做法而已。

也許我跟琴的關係早已出現裂隙，凱的離去把縫隙擴大為鴻溝。接下來幾年，所有裂口聚集在一起，形成無從修補的深淵峽谷。

我失去的是女兒，但琴失去的是最好的朋友，也失去了跟孫子親近的機會。保羅跟馬克分開，回去跟各自的父親同住。

我承受了究極的悲劇，也因為這樣，我本身的存在被剝到見骨，核心裸露。我曾努力建造 Reebok，現在我必須更努力重建自己。

| 35 |

創辦人的角色

隨著 Reebok 持續成長，美國的營運引進愈來愈多人，改變遲早會發生。保羅已經退位，而新的董事會想要掌控國際事業，因此我在全球各處尋覓經銷商的工作一天比一天變得不重要。一九八九年初，董事會建議我卸下總裁身分，轉變為「創辦人」，有點像是 Reebok 的品牌大使。「喬，你年紀也有了。我們想要讓你的生活輕鬆一點。」

這個「建議」無可避免。Reebok 一年的營收高達三十億美元，這麼大的公司不可能只關注美國，把美國之外都交給我管理。他們想要掌控全局，把自己的人安插到適當的位置。這些人會聽命行事，不像我可以不用諮詢他們就為所欲為。在董事會眼中，我這個創辦人過於獨立，而且有權做出並非來自董事會會議室的決策。

對我來說，凱的離去改變了我對人生的態度。當凱被帶走，我某部分的熱情、精神與動力也隨之而去。我準備好迎接

改變，就跟我一路走來的很多事情一樣，這個「建議」也出現在最恰當的時機。

我不想再奮戰了，我也不需要。我不用再處理生意上的壓力、談妥協議、管理辦公室跟員工，品牌大使這個新角色讓我得以享受先前努力的果實，而且不用把自己或是事業賣給別人。我不需要規劃未來、擬定戰略或是打拼奮鬥。奔忙大半輩子之後，我已經實現了夢想，是時候活在當下並且珍惜所有。

這並不代表不用繼續出國。我早已數不清有多少次坐在三千五百呎的高空，為了商業會議前往充滿異國情調或者沒什麼異國情調的地方。我遇見好多新面孔，結識了好幾十個新朋友。作為創辦人兼品牌大使，我還是會繼續去歐洲參加慕尼黑運動用品展，也會受邀出席國際會議或是產品發表會，但我在 Reebok 的決策面扮演的角色終究告一段落了。

接下品牌大使一角的隔年，生意上有了巨大改變。Reebok 推出一款創新的籃球鞋，可以讓穿著的人透過一顆打氣按鈕為鞋子充氣，客製適合自己的緩震。跟我們許多其他鞋款一樣，Pump 一推出馬上賣爆，無論在球場上或是街道上都備受歡迎。

後來，迪‧布朗（Dee Brown）在一九九一年的 NBA 灌籃大賽演出名留青史的「矇眼」灌籃之前，先停在球場中線附近，按了按打氣鈕為他的高筒 Pump 籃球鞋充氣。從此，那款鞋子就跟馬汀大夫靴或是喬丹鞋一樣，成為鞋履界的傳奇。祖

父喬當年打造出革命性的帶釘膠底帆布跑鞋，膠底帆布鞋的英文正好叫做 pump，事隔九十一年之後，Reebok 因為這款 Pump 躋身鞋業名人堂。

另一件讓我更開心的事情是 Reeebok 與發源地的結合。在祖父喬付錢請菁英運動員穿著福斯特跑鞋，同時開創了體育贊助的八十五年之後，Reebok 成為博爾頓漫遊者足球隊的官方球衣贊助商。做為一個在博爾頓當地發跡的品牌，這是無上的光榮。

祖父喬在世紀交接之際播下的許多種子似乎漸漸開花結果，我現在更有意推廣公司為後世留下的遺產。我想繼續自己的任務，讓世界看見這尊體育用品巨人在哪個地方、用何種方式奠下基石。

一九八九年十二月三十一日，擔任品牌大使一年之後，我決定徹底退出 Reebok。我這一生的重點就是時機。如果說凱的離去教了我什麼，那就是把時間花在你在乎的人身上以及在乎你的人身上，這是最重要的事。倘若沒有失去凱，也許我會在公司待久一點，但總之現在的我已經準備好離開。其實不只是準備好這麼做，而是需要這麼做。就當前的情況看來，我已經無法再對公司的成長做出什麼貢獻了。

過去三十五年，我獻出全部的自己，飲食、睡眠和呼吸裡都是福斯特、水星與 Reebok，而我現在不禁想看看把放下這一切之後的生活會是什麼模樣。

　　我告訴自己退休生活會很愜意，不用每個月都要收拾行囊，不用一下飛機就要以外來者的身分搞懂陌生的地方，縱使我確實很享受往年的旅行。包括身為品牌大使的時候，空中飛人般的生活就像毒品，不容易戒掉。

　　起初幾個月我有點不知所措，一起床就感到焦躁，總覺得自己應該做些什麼事、前往什麼地方，或是致電給什麼人。我花了很長時間才適應生活上的轉變，才明白自己起床後沒有任務要執行，就算一整天除了修剪草皮之外**無所事事**也沒有關係。

　　但這絕對是抽身的正確時機。Reebok 已經變了。在我眼裡，Reebok 自從一九八五年上市之後就成了一間數字導向的公司，而我不是一個數字導向的人。決策的基準是會計師與律師的報告。損益至上，個性全無。**不得不這樣**，畢竟現在有股東要顧。但無可避免的是，創業精神從此蕩然無存，而創業精神正是事業熱情的命脈。

　　在我那個年代，行銷一直是做生意最重要的部分，要確保公司拿出運動員想要的產品，接著再確保其他消費者也想要。若要讓這一切成為可能，就必須親赴現場，親自跟運動員對話。只要能讓運動員相信你的產品就是解答，其他大小事就能順勢而為了。

　　我那時五十五歲，身體健康，強壯但卻壯志未酬。我仍受喪女之痛折磨，為了保持神智健全，我必須繼續做事。我這輩

子只擅長兩件事：打羽球跟做生意。前者已經不適合我這個年紀了，我必須找個事業上的新挑戰才能重新點燃創業家心裡的火焰，瑪麗亞祖母常說人的腦子就是「用進廢退」。

一九九〇年代初期是歷史變革的時期。柏林圍牆被推倒了，哈伯太空望遠鏡被送上太空了，而尼爾森‧曼德拉（Nelson Mandela）在某種程度上重獲自由。

在我建立 Reebok 網絡的所有地方之中，南非絕對是最敏感之處，而我退出之前被指派的最後一趟出差正是前往那裡。

打從一九七〇年代初期開始，我就為開普敦（Cape Town）的史蒂芬‧史東（Stephen Stone）提供少量商品。保羅‧費爾曼發現之後並不開心。

「喬，我們在南非搞什麼？」

我解釋道：「這些年來那裡一直都有個小經銷商啊。」

「嗯，這樣有問題。美國在抵制南非。不能讓大家認為我們無視這件事！」

我回答：「也許大家不會注意到。」

「天啊，我們的品牌名稱叫做 Reebok 耶！」電話那頭的他吼著：「我們的公司有個南非名字，就算不跟那個天殺的國家做生意都已經夠糟了！」

「可是……」

「我們必須停止供貨。」

我反駁說，如果 Reebok 停止供貨，他們就會透過轉運的

方式滿足需求，而我們將因此失去掌控權。我早就意識到非法的「地下」供貨在 Reebok 尚未指派經銷商的國家行之有年。看到大廠牌在一個地區沒有官方代表，想要發不義之財的投機者就像「打地鼠」遊戲裡的地鼠一樣不斷冒出來。過去幾年，我曾試圖把這些傢伙敲回去，卻終究徒勞無功。

我向保羅提了幾個優先考量的事項。首先，當時有些穿著 Reebok 的黑人激進份子，我們必須更努力宣傳品牌與他們之間的連結。第二，要讓大眾明白，我們之所以供貨給南非，單純是為了掌控品牌。第三，強調我們將把賺得的權利金全數捐給救助兒童會（Save the Children）。Reebok 已經給了這個慈善機構一張兩萬英鎊的支票，旨在為那些被約翰尼斯·沃斯特（John Vorster）的國民黨（National Party）指控為「年輕犯罪者」的孩子們提供法律協助。

但這些都白講了。保羅的法務顧問認為要把這些訊息傳達給大眾太過困難，最簡單安全的做法是直接說 Reebok 不為南非供貨。

我跟史蒂芬·史東說保羅不會再給他 Reebok 產品，他嚇了一跳，指出我們有約在先。如果我們切斷供貨，他會損失很多錢。

他要求跟保羅開會，結果得到的回覆只是，待種族隔離制度的問題得到解決，他會是 Reebok「優先選擇的經銷商」。一個月之後，我被南非法院傳喚，以證人的身分為史蒂芬·史東

控告 Reebok 一案出庭。

出庭前一天，我在當地的購物商場閒逛，看到一本書的封面是曼德拉用手指著沃斯特，上面的文字寫道：**我要你的工作**。曼德拉已經出獄，但仍在軟禁中，反對改革種族隔離制度的聲浪也還很強，所以看到一本直接挑戰現存政治體制的書公然上架販售，讓我有些驚訝。也許改變真的近了，而且過程可能不如我們英國人想像的那樣暴力。

法庭上，Reebok 的法務團隊坐在一側，史蒂芬・史東坐在另一側。我是站在史蒂芬那邊的，但也只能提出我所看到的事實。判決沒花多少時間，很可惜，史蒂芬輸了。他是個好人。好在，他躲過了財務危機，因為他後來設法取得了 Nike 的經銷權。

我覺得我在自己的領地吞了一場敗仗，而且是不應該吞的敗仗。但就像 Reebok 拋下我一樣，我也必須拋下南非。我已經不在 Reebok 的核心圈子裡，所以對史蒂芬一案沒有影響力。

縱使我現在還是，而且以後也永遠都會是 Reebok 的創辦人，但有些時候仍會感覺到身為局外人的惆悵。在這樣的時刻，讓我保持心情愉快的是商業上的新興趣：物業管理與開發。

雖然已經沒有實務工作，身為創辦人的我在博爾頓的國際總部仍保有一間辦公室。退休之後的某一天，我回到那間辦公

室，坐在辦公桌前。我還沒收拾個人物品。沒有這個必要，畢竟目前沒有人會要使用這個空間。至少我是這麼想的。事實上，我只是擔心把東西都收走之後，相關的回憶也會一併消逝。

我的辦公桌上放著一份《博爾頓晚報》，是在眾星雲集的總部開幕典禮之後印行的，頭條大大寫著：「Reebok 把博爾頓變成好萊塢。」我心想：如果這還不能讓我們在地方發展史上留名，還有什麼可以呢？

我抬頭看看仍然掛在牆上的幾張全家福，然後望向窗外的博爾頓教區教堂，那是我兒時的玩樂之地。我想像穿著童軍服的自己跟布萊恩以及童軍團的其他男孩嬉鬧，直到領隊史基波叫我們注意聽他說話。我在心裡重溫混舞廳的時光，當時沒有什麼比追求女生更重要。我回想自己帶著青少年獨有的速度與敏捷在羽球場上馳騁。那些都是好日子，我是幸運的──還有很多人也是。

現在的我坐在要價數百萬英鎊的博爾頓國際總部，創辦了年收益高達數十萬美元的商業帝國。跟傑夫一起艱辛開啟 Reebok 旅程之後，一路走了好遠好遠。當時，光是籌個幾百英鎊就讓我們焦頭爛額，好不容易買了新機器，還要小心翼翼擺在工作室的邊緣，深怕地板被壓垮。我們得跟慷慨大方的約翰・威利・強森借用器材，還必須向銀行跟琴的叔叔借錢，才能免於破產。

如今國際部門的營收已經超過十億美元，美國更上一層樓，達到二十億美元，而 Reebok 被評為美國史上成長速度最快的企業。這主要都是因為加州的某個職員在他老婆的健身課堂上看到那些穿著彈性體操服的女性赤著腳運動，然後靈機一動，覺得**她們也需要鞋子**。

我還留有一份名為《*Sports Goods Intelligence*》的月刊，裡面寫 Reebok 是「首屈一指」，而 Nike 則是「雄心勃勃」，因為我們是領頭羊，而他們在後面追趕。在一九八○年代晚期首度讀到這樣的敘述，我以為自己會更加欣喜若狂。實際上，我必須反覆讀個幾次才能消化這份情緒，才能品嘗到終於實踐最初夢想的喜悅。但後來我了解，在如此快速的攀升之後，到了那個階段，超越 Nike 跟 Adidas 已成事實。真正的快樂並非來自 Reebok 的登頂，而是來自競爭的過程，我意識到自己在乎的不再是率先衝過終點線。就如同當年在東京飯店的慢跑一樣，我忙著享受跑步的快感。跟小時候不一樣，當時的我就算把身體推到極限，仍然無法勝過那些天生的跑者，現在的我創立了某個擁有獲勝基因的東西——Reebok 是天生的贏家。

我發現自己終其一生追求的就是這樣：不是憑藉非凡的身心靈爆發去獲得一次勝利，而是在任何想贏的時候都能贏，在內心深處全然相信自己是人生的贏家之一。我不再需要為了贏取他人的讚許而衝刺、衝刺、衝刺。一切只關乎自己，我知道自己已經成為長久以來想要成為的王牌選手。

　　現在我八十幾歲了，你們可能會在博爾頓早晨的街道上撞見我，看見我遛著我養的狗皮皮。我的頭會低低的，但不是在緬懷 Reebok 好萊塢時期的濃烈風光，而是在留意 Reebok 運動鞋。就算到了現在，在**我的**家鄉看見有人穿著**我的**鞋子，還是會讓我感到快樂。誰知道呢？也許某個跟我擦肩而過的年輕人會讀到這本書，在得到啟迪之後也會勇敢追夢。現在的他們也許失業，或是受困於連自己也瞧不起的工作，但只要願意投入，配上適量的好運，他們沒道理不能展開自己的旅程，最後成為舉世無雙。如果一個單純的鞋匠都能做到的話，就沒有什麼是不可能的。

｜後記｜

那些功不可沒的人事物

　　當我回首前塵，試圖確切描述 Reebok 成功的關鍵，那些扮演要角的人們總會浮現心頭。

　　不消多說，員工就是公司最大的資產。我很幸運，擁有一群忠誠而勤奮的員工，總是願意跟我們甘苦與共，從不質疑或抱怨，就算在公司不得不暫時解雇他們的那幾次也一樣。

　　員工中有幾個特別突出的英雄，諾曼‧班恩斯就是一例。他從水星時期就加入我們，直到英國的工廠關閉為止。諾曼有許多值得稱道的特質，更把可靠的標準提高。每天早上他都第一個上班，在工作上從不懈怠，而且完全值得信賴，尤其需要有人在傑夫過世後讓製造面順利運作的時候。

　　彼得‧海利根（Peter Halligan）是另一個出色員工。他在我們搬遷到布萊特街時加入，原本負責操作裁切機，後來隨著工廠擴張搬遷到布萊德利佛德，又承擔了各種不同的工作。工廠關閉之後，彼得來幫我蒐羅 Reebok 跟福斯特的老鞋，他甚

至挖出一雙水星出品的鞋。這些寶物現在全都被妥善收藏於美國波士頓的 Reebok 檔案館。彼得也深入研究祖父喬在一九〇〇年代採用的創新廣告手法，其中某些有被收錄到這本書裡。

接下來談我的家人。傑夫是所有家庭成員中最重要的，也是 Reebok 故事的一部分。雖然我們在社交上不常混在一起，但我們兄弟倆是彼此最好的朋友，也未曾在生意上有過嚴重爭執。我不知道他是滿足於掌管生產製作，還是想要相對安靜的生活，總之他不曾干涉我在行銷與業務上做的決策，包括我允許羅倫斯體育成為全球的獨家代理商而差點釀成大難的時候。

傑夫熱愛單車運動，會在多數的週末參加二十五公里、五十公里，甚至一百公里的比賽。早期傑夫總是自己開車去參賽，但後來在某些情況下，他把車借給我跟琴，只要求我們要在賽後接他回家。我跟琴因此得以去海邊或湖區遊玩，回程的時候再繞去載傑夫一程，而完賽的他有時會身體不適。他參加跑步比賽時也是這樣，我常常納悶他為何要讓自己經歷這些折磨，而我認為這些有可能導致後來提早把他帶走的胃癌。

祖父喬是第一個激發我跟傑夫勇敢冒險的人，Reebok 也因為這樣才能誕生。除了開啟家族事業，為往後世代的製鞋奠定基礎之外，也是祖父喬教會我跟傑夫放手一搏。於是我們離開福斯特這艘沉船，開闢自己的道路。祖父在我們的潛意識裡灌輸了一份信念：如果他做得到，我們也可以。他是鞋業的先

驅，也是擁有遠見的領導者，能在市場本身察覺之前就看出市場所需。

　　瑪麗亞祖母也是不得不提的人。在我剛進入工廠工作時，她把照顧我當成自己的職責。在知名的 Olympic Works，她總會端熱牛奶來我的工作間，並且確保火爐燒得夠旺。這些也許都是微小的貼心舉動，但倘若少了瑪麗亞祖母的呵護，也許我會轉而選擇比較舒服的謀生方式，Reebok 的故事也就不會被寫下了。

　　傑夫和我都沒有真的跟父親親近過。他總是不在，這造成父子之間隔著一層冷漠。不是說他時常外出旅行，但是他下班後會去當地的酒吧待著，每週還要去國民警衛隊值勤一次。至於母親，養育孩子是她的天性。當我跟傑夫離開福斯，父親拒絕跟我說話時，母親承受了兩方的爭執。我確定她一定曾試圖以自己柔軟而細膩的方式讓父親跟我言歸於好。母親在快要過九十一歲生日時離世，但失智大概提早五年讓她離開我們。

　　然而，在 Reebok 這樣的企業旅程中，扮演要角的不會只有家人與員工，也包括中心圈子之外的人。如同我在書裡所描述的，其中某些人是讓我們得以進入下個階段的守門人。倘若沒有結識並且認真傾聽這些人，我可能會被困在慣性的永恆迴圈，類似在父親跟伯父掌管的福斯特發生的那樣。建立了舒適的財務安全網之後，他們變得短視近利。也許是不願付出那麼多努力，或是無法從營生的日常要求中脫身。總之，因為保守

狹隘的心態，他們錯失了能把公司推往更高水平的諸多機會。

　　我猜有些人就是會把自己的目標加上屋頂，而有些人敢於追逐天上的繁星。從自身的心態出發，應該一開始就知道自己要追求什麼。對我而言，是盡可能讓公司走到最遠，為此我們必須進到大賽場去跟頂尖的製鞋廠牌正面對決。

※　　※　　※

　　對於英國的鞋廠而言，一九六〇年代是一段艱難的歲月。我每個月至少會收到一份拍賣會通知，舉辦的地點就在最近倒閉的公司位址。我先前已經參加過好幾場，但不可思議的好運讓我有幸在某一次坐在約翰・威利・強森旁邊。當時的我不知道這個男人的慷慨大方會讓我留下不可磨滅的印象。我很享受跟他一起參與拍賣會的旅程，沿途聽他述說自己的經驗。我在晚年還有跟他相見，當時的他已經是九十歲的老人。雖然回憶仍依稀存在，年紀與失智確實造成影響。他去世的時候我人在國外，很遺憾未能出席喪禮。

　　還有許多人對於 Reebok 的存續來說至關重要，尤其是在草創階段。其中一例是鮑勃・布萊根，他跟兄弟愛利斯一起繼承了 F.E. 布萊根戶外用品店，原本座落於曼徹斯特的科利赫斯特（Collyhurst）。後來鮑勃把店搬遷到曼徹斯特市中心，並把戶外用品的生意擴展到全英國許多地方。在羅倫斯體育的災難期間，FEB 攀岩登山靴幫助 Reebok 生存下去。不只一次，

我必須開車到曼徹斯特跟鮑勃拿支票，然後衝到銀行（有時還必須敲鐵門）換現金來支付員工那一週的工資。

　　鮑勃也是我在一九六八年初次前往芝加哥參加美國運動製品協會的旅伴。因為當時的 Reebok 的規模還很小，我花了不少時間才鼓起勇氣與會。若不是有鮑勃相陪，也許我沒膽子出發。我們做了很久的朋友，但上一次見面已經是一九九五年慶祝我六十大壽的時候了。

　　多次嘗試打入美國市場失敗的過程讓我學到很多，但什麼都比不上跟舒朗恩共事的經驗。我們都竭盡全力要讓經銷運作起來，過了四年才宣告放棄。跟舒的合作是一場試驗，讓我知道在美國成功需要什麼，可惜答案是當時的我跟舒都沒有的東西。

　　後來再訪美國運動製品協會，我特地前往費城跟舒朗恩見面。他為我辦了一場派對，約了一些家人跟客戶過來。最近他的女兒裘蒂（Jodi）跟我聯繫，原來舒保留了一九七〇年代我跟他往來的一些信件，於是我二度前往費城去翻看那些舊信。令我難過的是，裘蒂說舒朗恩前幾年離世了，享年八十六歲。

　　你們應該記得我是在早期收到停業呈請的時候透過介紹認識德瑞克‧沃勒這名律師。德瑞克後來成了我的好朋友，也常陪著我跑遍全球尋覓可能的經銷商。他負責處理我跟保羅‧費爾曼最初的協議，也在我把智慧財產賣給美國 Reebok（後來由史蒂芬‧魯賓的彭特蘭集團掌管）的時候擔任我的代表。他

的作風誠然有些怪異，但才智確實超乎常人，有好幾次我都暗自感謝他跟我站在同一邊，而不是與我為敵。

另一個德瑞克，德瑞克‧沙克爾頓在羅倫斯體育倒閉時幫忙拯救了 Reebok。他簡直是專業的代名詞。沙克爾頓是天生的業務，舌燦蓮花，魅力十足，能夠藉此賺很多錢，但他是真心熱愛與人往來，總是對每個人的生活有興趣。他認識所有體育用品店的老闆，還會用筆記記下他們的家庭細節，生日幾月幾日、有幾個孩子、會不會抽菸等等。我從沙克爾頓身上學到很多，方方面面皆然，不只他對細節的用心，還有隨時盡力幫助他人的意願。沙克爾頓後來離開巴塔鞋業，成了義大利品牌迪亞多納（Diadora）的經銷商。他在一九九○年代生了病，然後撒手人寰。

羅倫斯體育的老闆兼總執行長哈洛‧羅倫斯是另一個我十分欽佩的人，跟沙克爾一樣，他也隨時願意出手相助。第一次見到他的時候，他已經七十多歲，漸漸把手上的事業交棒給女婿。可惜他不明白沙克爾頓對公司的重要性，所以當沙克爾頓帶著整批銷售團隊出走，加上哈洛的女婿經驗不足帶來的生產問題，終究對羅倫斯體育造成無法補救的傷害。

在美國 Reebok 成立之初，我花很多時間跟保羅‧費爾曼待在一起，處理草創階段的種種問題。他決定把這當作「全職工作」，毅然決然關閉了其他事業，著實讓我嚇了一跳。但這也顯示了他有多麼投入，他是徹頭徹尾的 Reebok 人。比起我

們在美國嘗試過的其他經銷商，讓保羅與眾不同而且終究成功的是，他沒有把 Reebok 當作「附帶」事業，不像別人只想在現存的生意之外再多賺一點外快。當然還有其他因素，包含他跟猶太社群的財務連結以及相對合適的時間點。當我們取得《跑者世界》的五星評價，美國的路跑市場已經開始壯大。種種元素加總在一起，讓我們得以進展到下一個階段。

想當然耳，Reebok 究極蛻變的催化劑是史蒂芬・魯賓。他不只帶來保羅需要的金援，也似乎多次提供足以激怒保羅的挑戰。兩人之間這樣的關係讓史蒂芬被描述為「讓牡蠣產出珍珠的砂礫」，換言之，保羅必須克服史蒂芬帶來的摩擦才有進步的可能。

我跟史蒂芬的關係向來很好，而我一直覺得他是個真正的紳士。史蒂芬最近寄了一封電郵給我，回應我對他的辦公室提出的問題。底下員工把我的提問直接轉給他，而他也回以非常誠摯的答案與祝福。

倘若沒有安卓・馬丁尼茲的遠見，Reebok 就不會有爆發性的銷量成長，也不會被喻為美國史上成長速度最快的公司。安卓有察覺新趨勢的眼光，接著幫忙設計並製造出劃時代的革命性鞋款：第一雙專為女性設計而且針對女性行銷的健身鞋。Reebok 在有氧健身狂潮的初期稱霸市場，讓年收益從三百萬美元成長到一千三百萬美元，未來幾年又從三億美元增長到驚人的十億美元。這種不可思議的成長自然不能完全歸功於安

卓，但就像我跟祖父喬一樣，他播下一顆種子，而那顆種子漸漸長成舉世聞名的運動品牌。

　　既然這個章節寫的是「那些功不可沒的人事物」，當然不能不提小溫德爾・尼爾斯。小溫德爾用最棒的效果呈現傑夫、保羅・費爾曼跟我所創造的一切，把 A 咖巨星跟名流引進 Reebok 家族。成果就是結合了運動鞋款與休閒穿搭，讓我們不只在賽道與球場上成為主流，也在街道上大放異彩。

　　值得一提的是，小溫德爾並非專為 Reebok 服務。他來找我們的時候，已經身懷華麗的聯絡人名冊，部分來自他父親的影響力，但也因為他本身是 Wilson 網球拍與路易王妃香檳（Louis Roederer）的代表。小溫德爾成了我的好朋友，介紹我認識許多好萊塢明星，當然，還有摩納哥的蘭尼斯三世。然而比這些都重要的是，他在我女兒凱生病時所展現的由衷關切，他也帶給了凱一些快樂的時光。在為這本書做研究的過程裡，我發現小溫德爾已經離世，現在我跟他可愛的妻子妮莉（Nelle）會定期聯絡。

　　還有好多好多我沒有提及的人都做出了貢獻，讓 Reebok 得以超越 Nike 跟 Adidas 成為世界第一的運動品牌。不幸的是，到了我這個年歲，多數功不可沒的人們都已不在人世，但我確實仍與國際團隊的某些成員保持聯繫。一九九〇年退休之後，我多次造訪歐洲，去巴黎見強馬克，去慕尼黑見理查，去瓦雷澤見翁貝托，去巴塞爾見魯迪。我很享受這些相逢，我們

能一起回味 Reebok 登頂過程的精彩時光，以及藉此產生的精神。

　　開發 Reebok 從來都不是一份工作，不是為了餬口每天做的事情。跟我共事的每個人都樂於成為 Reebok 成就的一部分，都很高興自己能在某些地方做出貢獻。某種程度上，每個人都有這樣做的機會與自由。公司高層的多數人都是可親近的，都急切想聽到有助於進步的聲音，不管那些想法來自董事會還是工廠。這就是為公司灌注「精神」之道。我們是**與人共事**，不是使指人去做事。當員工需要時時低頭查看手錶，就不會覺得自己是公司成功的一部分。當角色變成差事，公司的精神就會受損。

　　想當然耳，隨著公司愈來愈大，維持這種海納百川的做法就愈來愈難。話雖如此，就算在 Nike 成長為百萬美元等級企業的時候，菲爾‧奈特仍舊維持這樣的作風。他把對的人留在身邊，也確保自己與有助於進步的人之間沒有阻隔。我能很開心地說 Reebok 也保有這樣的精神，從諾曼與學徒大衛加入的時候開始，一直到我在一九八四年把公司賣掉。正是因為這樣，現在的我才能帶著驕傲回首。倘若沒有這幾百名對 Reebok 抱有熱忱的同事們一路相挺，就不會有這一切成就。

　　早年對我造成影響的不見得都是人，有時候是機構。我多數的社交與娛樂活動都圍繞著距離我家半英里路程的聖瑪格麗特教堂，母親送我們去那裡上主日學。教堂為孩童舉辦各種活

動與聖誕派對，甚至會播放電影，讓我們笑看卓別林、勞萊與哈台，以及阿爾伯特和科斯特洛。聖瑪格麗特擁有一個草地滾球場與四個網球場，草地滾球場現在仍然可以使用，但網球場跟旁邊的看台已經廢置。週五晚是幼年童軍團時間，我跟傑夫會與其他成員在教堂旁邊的活動中心相聚，同時博爾頓第二十八屆童軍團則佔據地窖。最近十年，我跟某些當年的童軍團員重新取得聯繫，包括布萊恩，也就是我們在大雪中前往佩特戴爾的路上「弄丟」的那位。

二次大戰之後，我的課餘活動繼續以聖瑪格麗特教堂為中心，我在那裡參加了羽球俱樂部，而羽球後來成了我在英國皇家空軍服役期間到處跑的通行證。羽球之外，聖瑪格麗特的社交重點是週六夜的舞會，直到我們那群朋友拓展地盤，發現博爾頓有更大的舞廳，而我也因此與琴相遇。

兵役也是改變的因素之一，每隔一段時間，朋友裡就會有某個男生被帶走兩年，打亂了社交。等到兩年後回鄉，往往發現那個朋友群已經消散。多數時候，服完兵役的男生會跟當年留下的女生復合，安定下來結婚，就像我跟琴那樣。

琴跟我在我回到博爾頓一年之後成婚。起初，她是最理想的妻子，給我最多的支持，基本上隻手養大了一對兒女，對於我的心不在焉與時常外出毫無怨言。凱過世的時候，我的兒子大衛在 Reebok 的設計部門工作，後來他離開 Reebok 去創立自己的公司。

　　琴的家庭並不富裕，但他們鼓勵並支持我跟傑夫開啟的冒險。在情況嚴峻的時候，他們幫忙說服琴的叔叔借我們五百英鎊。琴的父親史提夫（Steve）也留下討喜的回憶，他在退休之後會騎著腳踏車來工廠幫忙配送貨物，而且拒絕接受任何金錢報酬。史提夫給了我跟傑夫在自己父親身上找不到的支持。不幸但卻也合情合理的是，隨著時間過去，琴對一心追求事業的我已經忍無可忍，我們的婚姻在一九九三年走到盡頭。

　　最後，雖然這樣聽起來像是奧斯卡得獎感言，但我想感謝幸運女神。倘若沒有她站在我這邊，這一切都不可能。沒有例外，每一個企業家都需要一些好運。我有過很多，而我打從心底希望你們也有。

謝辭

　　我花了幾年書寫並且重寫這一本回憶錄，覺得一定要好好感謝某些人。主要想感謝督促我寫下這些文字的朋友與家人，他們也在我記憶模糊的時候幫助我回想。

　　首先，我要感謝早期在伯里的博爾頓街與布萊特街為水星與 Reebok 工作的人們，還有那些在後期驅策 Reebok 成為世界第一體育品牌的人們——尤其是讓我跟傑夫夢想成真的保羅・費爾曼與史蒂芬・魯賓。

　　至於這本回憶錄的研究部分，我最需要感謝的是彼得・海利根，這位可靠而忠誠的員工投注無數時間搜索細查舊報紙，挖出許多不可思議的福斯特廣告。彼得也找到很多 Reebok、水星與福斯特老鞋，現在都擺在波士頓的 Reebok 檔案館。

　　說到這裡就要感謝 Reebok 檔案館的館長艾琳・娜拉琪（Erin Narloch），她運用出色的技術保存彼得挖掘到的寶藏，把它們安置在特殊的溫控保護區。艾琳也掃描了數百個品項，某些甚至可以回溯到一九〇〇年代，最終編纂出相片形式的藏寶箱放到網路上，有些也供這本回憶錄所用。

　　當我因為這本回憶錄的結構而苦苦掙扎，便求助於好友羅伊・卡凡南（Roy Cavanagh），身為曼聯球迷的他撰寫了數本體育方面的書籍。

　　擅長講故事的得獎作家喬・考利（Joe Cawley）才華洋溢，也是幫助我成書的動力。他熟知出版業，引介我認識一位作家經紀人，也為我鋪了通往出版社的路。

　　這位作家經紀人就是 A. M. Heath 的尤恩・索尼考夫特（Euan Thorneycroft），在信任的團隊快要印行本書之時，他對這項計畫的熱情對此施展了一些魔法。

　　西蒙與舒斯特出版社的伊恩・馬修（Ian Marshall）用巧手把我家族的百年成就與我個人的經驗化為一本讓我引以為傲的書，也是一本我希望你們會喜歡讀的書。

　　我的孫子馬克・哈德曼（Mark Hardman）是一名平面設計師，他不只屢屢搞定我那台難纏的電腦，也為我架設了網站。你們可以上 http://reebokthefounder.com 觀賞這本回憶錄中提到的歷史。馬克也協助我結識喬・考利。

　　最後，我要感謝我的妻子茱莉（Julie），她是真正的朋友與最好的旅伴。雖然她不是我 Reebok 旅程的一部分，卻陪我一起重溫那些年歲，也陪我做了與 Reebok 相關的旅行。如前面所述，在我回憶生鏽失靈的時候，她就成了珍貴的「外接式硬碟」。

　　我感謝你們所有人。

詞彙表

Gigg Lane 吉格巷

Ginger Rogers 琴吉・羅傑斯

Gisborne 吉斯伯恩

Halle Orchestra 哈雷管弦樂團

Harold Abrahams 哈洛德・亞伯拉罕斯

Harold Lawrence 哈洛・羅倫斯

Harold Macmillan 哈羅德・麥米倫

Harwood 哈伍德

Heidlberg 海德堡

Hill Street Blues 《霹靂警探》

Hoover 胡佛

Hugh Gaitskell 休・蓋茨克

Hull 赫爾

Jack Lovelock 傑克・洛夫洛克

James Bond 詹姆士・龐德

Jane Fonda 珍・芳達

Jane Seymour 珍・西摩爾

Jesse Owens 傑西・歐文斯

Jim Barclay 吉姆・巴克萊

Jimmy Carter 吉米・卡特

Joan Collins 瓊・考琳斯

Joe Henderson 喬・韓德森

Joe Loss 喬・洛斯

John Disley 約翰・迪斯利

John Forsythe 約翰・福賽斯

John McGoldrick 約翰・麥葛瑞克

John Willie Johnson 約翰・威利・強森

Joseph William 喬瑟夫・威廉

Katherine Switzer 凱薩琳・斯威策

Kodak 柯達

Lake District 湖區

Lancashire 蘭開夏

Lawrence Sports 羅倫斯體育

Leeds 里茲

Len Ganley 萊恩・甘利

Linda Evans 琳達・埃文斯

Linda Rothwell 琳達・羅斯威爾

Liverpool Shoe Company 利物浦鞋業

Liverpool 利物浦

Lombardy 倫巴底

Lord Burghley 羅德・伯利

Louis Roederer 路易王妃香檳

Malcolm Nathan 麥爾肯・奈森

Manchester City 曼城

Manchester United 曼聯

Margarct Thatcher 柴契爾夫人

Martin Peters 馬丁・彼得斯

鮑華絲

Stephen Rubin 史蒂芬・魯賓

Steve Cram 史蒂夫・克拉姆

Steve Jones 史帝夫・瓊斯

Steve Liggett 史帝夫・里基特

Steve Ovett 史蒂夫・奧維特

Stockport 斯托克波特

Student Prince 《學生王子》

Suffolk 沙福郡

Sumitomo 住友商事

Surrey 薩里郡

Swindon 斯溫頓

Sydney Maree 悉尼・馬里

Tottington 托廷頓

Tracy Austin 崔西・奧斯汀

Umberto Columbo 翁貝托・科隆博

Varese 瓦雷澤

Veronica Hamel 薇洛妮卡・哈梅爾

Vijay Armritraj 維傑・阿姆李特維雷吉

Warsaw 華沙

Wembley FA Cup 英格蘭足總盃

Wembley Stadium 溫布利球場

Wendell Niles Jr 小溫德爾・尼爾斯

West Ham 西漢姆

Willie Applegarth 威利・阿普爾加斯

Windsor Great Park 溫莎大公園

Yatesbury 耶茨伯里

Yeovil 約維爾

亞當斯密 017

跑鞋革命：
Reebok 創辦人喬‧福斯特稱霸全球的品牌傳奇

Shoemaker: The Untold Story of the British Family Firm that Became a Global Brand

作　　者　喬‧福斯特（Joe Foster）
譯　　者　蔡世偉

堡壘文化有限公司
總 編 輯　簡欣彥
副總編輯　簡伯儒
責任編輯　張詠翔
行銷企劃　許凱棣、曾羽彤
封面設計　盧卡斯工作室
內頁排版　新鑫電腦排版工作室

讀書共和國出版集團
社　　長　郭重興
發行人兼出版總監　曾大福
業務平臺總經理　李雪麗
業務平臺副總經理　李復民
實體通路組　林詩富、陳志峰、郭文弘、吳眉珊
網路暨海外通路組　張鑫峰、林裴瑤、王文賓、范光杰
特販通路組　陳綺瑩、郭文龍
電子商務組　黃詩芸、李冠穎、林雅卿、高崇哲、沈宗俊
閱讀社群組　黃志堅、羅文浩、盧煒婷
版 權 部　黃知涵
印 務 部　江域平、黃禮賢、林文義、李孟儒

出　　版　堡壘文化有限公司
發　　行　遠足文化事業股份有限公司
地　　址　23141 新北市新店區民權路 108-2 號 9 樓
電　　話　02-2218-1417
傳　　真　02-2218-8057
Ｅｍａｉｌ　service@bookrep.com.tw
郵撥帳號　19504465 遠足文化事業股份有限公司
客服專線　0800-221-029
網　　址　http://www.bookrep.com.tw
法律顧問　華洋法律事務所　蘇文生律師
印　　製　韋懋實業有限公司
初版 1 刷　2022 年 6 月
定價　新臺幣 450 元
ISBN 978-626-7092-43-9
EISBN 9786267092422（EPUB）
　　　　9786267092415（PDF）

國家圖書館出版品預行編目資料

跑鞋革命：Reebok 創辦人喬‧福斯特稱霸全球的品牌傳奇 /
喬‧福斯特（Joe Foster）作；蔡世偉 譯 . – 初版 . – 新北市：
堡壘文化有限公司出版：遠足文化事業股份有限公司發行 , 2022.06
　　面；　公分 . --（亞當斯密；17）
譯自：Shoemaker: The Untold Story of the British Family Firm that
　　　Became a Global Brand
ISBN 978-626-7092-43-9（平裝）
1.CST: 銳跑國際公司 2.CST: 福斯特家族 3.CST: 鞋業 4.CST: 傳記
487.45　　　　　　　　　　　　　　　　111007222